伊恩·斯图尔特　数学游戏全集

Tree-God and a Dicey Business

树神与冒险的生意

Another Fine Math You've Got Me Into...

【英】伊恩·斯图尔特 ◎ 著
张珍真 ◎ 译

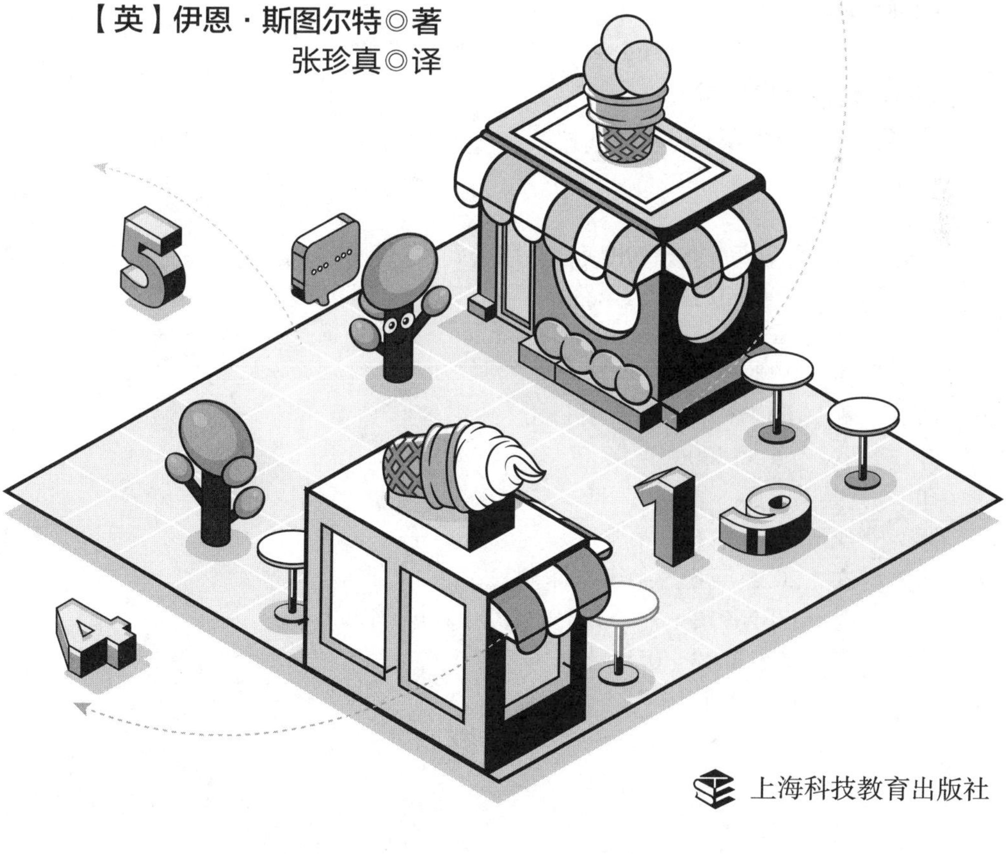

上海科技教育出版社

图书在版编目(CIP)数据

树神与冒险的生意/(英)伊恩·斯图尔特著；张珍真译. -- 上海：上海科技教育出版社，2025.6. (数学桥丛书). -- ISBN 978-7-5428-8402-2

Ⅰ. O1-49

中国国家版本馆 CIP 数据核字第 2025DW9857 号

责任编辑　孔令一
封面设计　戚亮轩

数学桥丛书
伊恩·斯图尔特数学游戏全集
树神与冒险的生意
[英]伊恩·斯图尔特　著
张珍真　译

出版发行	上海科技教育出版社有限公司
	(上海市闵行区号景路 159 弄 A 座 8 楼　邮政编码 201101)
网　　址	www.sste.com　www.ewen.co
经　　销	各地新华书店
印　　刷	上海中华印刷有限公司
开　　本	720×1000　1/16
印　　张	14.5
版　　次	2025 年 6 月第 1 版
印　　次	2025 年 6 月第 1 次印刷
书　　号	ISBN 978-7-5428-8402-2/N·1259
图　　字	09-2023-0586 号
定　　价	58.00 元

序　言

20年前，我第一次见到斯图尔特（Ian Stewart）。当时我订阅了《流形》（Manifold）杂志。这本杂志可谓独树一帜，它是由位于英国考文垂的华威大学数学研究所的学生们每季度编撰的。斯图尔特经常为这本离经叛道的杂志撰稿。我尤其记得他写的克兰茨（Rosen Cranz）和斯特恩（Guilden Stern）之间就哥德巴赫猜想的逆猜想展开的对话，哥德巴赫猜想认为每个大于2的偶数都是两个素数之和。

后来，斯图尔特与他人共同编辑了《流形七年》（Seven Years of Manifold，希瓦出版社，1981年出版），这是有史以来最棒的数学幽默文集。它的卷首插画描绘的是"亚历山大带角球的缠绕演化"。书中有诸多精彩内容，比如一张罗素（Bertrand Russell）给所有不给自己刮胡子的人刮胡子的图片、一篇关于单色地图定理的短文（必然很短）、一篇关于如何编织克莱因瓶的说明，还有一个谜语：什么东西是紫色的且可交换？（答案：阿贝尔葡萄。）①

斯图尔特很快成了《数学信使》(*The Mathematical Intelligencer*)的编辑，并开始撰写他那些精彩的文章和书籍。他的独一无二之处在于，他不仅了解并热爱数学的各个令人眼花缭乱的层面，还能以热情洋溢且幽默风趣的方式将其写出来，让任何人都能读懂。除了这些能力，他还热衷于休闲数学话题和有趣的文字游戏。读他的作品，你既能学到很多东西，又能尽情享受阅读的乐趣。

马丁·加德纳

---

① 这是本书第一个双关语。数学概念"阿贝尔群"(Abelian Group)中的"群"(group)与"葡萄"(grape)的发音十分接近。阿贝尔群满足交换律，而葡萄又是紫色的，所以紫色的、可交换的，就是阿贝尔葡萄(Abelian Grape/Group)。在接下来的文章中，还有许多类似的双关语等你来发现。——译者注

前　言

在我上学的最后几年里，《科学美国人》（Scientific American）杂志的到来以及加德纳（Martin Gardner）的"数学游戏"（Mathematical Games）专栏是我生活中最为期盼的"高光时刻"。如今，30年过去了，我自己已然成了他所开创的这个专栏的第四任主笔人。这感觉很奇妙，不过一种"人择原理"可以解释这种巧合。任何哪怕稍微适合追随加德纳脚步的人，在青少年时期，其思维类型肯定会被他的专栏吸引。

这种感觉依旧很奇特。

我打算讲讲我是如何接过他的衣钵的。部分原因是，这能体现我最喜欢的一个主题，即事情从来不会按照你预期的那样发展；另一部分原因是，这能解释你现在手中拿着的这本书。它并非《科学美国人》专栏文章的合集——尽管我现在写的那些文章，如果命运眷顾的话，很可能会以类似的形式面世。它是从《为了科学》（Pour la Science）这本《科学美国人》的法文版杂志中精选的专栏文章合集，其中许多文章也出现在其他欧洲版本的杂志中。

《科学美国人》有许多国家的版本。它们并非逐字翻译美国版的内容；它们会包含自己的文章，而且很多编译的内容都不一样，这是因为不同国家有不同的关注点。加德纳的专栏传给了霍夫施塔特（Douglas Hofstadter），成了"元魔法娱乐"（Metamagical Themas），而后随着兴趣的变化又变成了由杜德尼（A. K. Dewdney）撰写的"计算机消遣"（Computer Recreations）。眼尖的读者可能已经注意到，这个标题最近又改成了"数学消遣"（Mathematical Recreations），这反映出一种回归其原始主题的趋势。

当"计算机消遣"专栏刚开办时，《为了科学》的法文版编辑布朗热（Philippe Boulanger）认为这是个很棒的主意。然而，对于那些喜欢数学游戏、但并非计算机狂热爱好者的人，布朗热也想保留他们的兴趣。所以《为了科学》在翻译"计算机消遣"专栏的同时，也开办了自己的"数学游戏"（Jeux Mathématiques）专栏，先后有多位作者撰稿。最终我开始为这个专栏撰稿，而它也变成了"数学视野"（Visions Mathématiques）：这个专栏依然是娱乐性的，但开始纳入一些与游戏并非明显相关的内容。

一个英国人最终怎么会在一本法国杂志上定期撰写专栏呢？这

要从法国物理学家珀蒂(Jean-Pierre Petit)说起。珀蒂曾以漫画书的形式为他的学生们编写了一些关于空气动力学、黑洞等方面的非正式笔记,其中一些由《为了科学》的出版商欧仁·贝兰经典书店出版,并且大获成功。在我当时的老板兼珀蒂的朋友齐曼(Christopher Zeeman)的鼓动下,我受邀将其中一些翻译成英语。我是一个有科学素养的业余漫画家,有着奇特的幽默感,大家认为我可能会对珀蒂想要达成的目标有共鸣。

布朗热随后想到,我应该为同一系列创作一些数学漫画书。我用英语撰写,他再将其翻译成法语,然后大家就假装法语版是原版,英语版是翻译版。这运作得非常好,还请来了讽刺杂志《鸭鸣报》(Le Canard Enchaînée)的一些人来添加一些法国式的笑话。大约在这个时候,"数学游戏"专栏最固定的撰稿人发现自己没时间再写这个专栏了,布朗热就找到我,问我是否认识能不定期接手这个专栏的人。

我当然认识啦(就是我呀)。

几年前,《科学美国人》的其他几个外语版本也同意开设这个专栏。后来,美国的母刊决定让我和杜德尼共同负责"数学消遣"专栏。现在我每年写6篇专栏文章,与"业余科学家"(The Amateur Scientist)

专栏交替出现。我还为法文版额外写6篇专栏文章,这样在法国(和西班牙),这个专栏是每月一篇;而在美国、英国以及其他所有国家版本中,则是两月一篇。

有时候,这确实挺让人困惑的。

那么,这本书就是从《为了科学》所写的专栏文章中精选的16篇①。其风格与你可能在《科学美国人》上读到的专栏文章相同。另外12篇专栏文章已经以《游戏、集合与数学》(*Game, Set, and Math*)为书名出版了②。这些材料都经过了些许编辑,加入了一些最新的、在我首次撰写文章以后才出现的相关数学发现。

我不敢说自己能模仿加德纳的风格。那是无法做到的,加德纳是独一无二的。我的风格已经定型为一种虚构叙事,其中有诸如虫虫一家(虫爸爸亨利、虫妈妈安妮-莉达和虫宝宝沃姆特德)、国际金融家默威尔以及新石器时代的数字命理学家斯尼奇斯威舍等怪异的角色,他们会经历各种数学方面的奇妙遭遇。这些故事既趣味十足,

---

① 本书中文版将原书一拆为二,即本系列的《瓷砖与缠结的数学》《树神与冒险的生意》。——译者注

② 本书中文版将原书一拆为二,即本系列的《无穷大与衔尾蛇》《奇偶把戏与帕斯卡分形》。——译者注

又带有一丝严肃性。它们大多基于一些重要的数学理念，我希望这些理念能从故事的穿插情节中凸显出来，并留在读者的脑海里。

例如，"巴黎圣母院的群论学家"肯定是关于群论方面的内容，但你想必不曾在同一个故事里见到驼背的卡西莫多和人猿泰山的恋人简。而在"骰子游戏"中，牧鹅女孩彭彭和牧羊男孩脏脏在古怪的骰子游戏中发现了令人惊讶的必胜策略。这显示了游戏与休闲数学在逻辑思维上存在严密的相关性。

我写这些内容的时候非常开心。希望你也能从中获得一些乐趣。

伊恩·斯图尔特

目 录

第1章　市场操纵者 / 1

第2章　居里的错误 / 27

第3章　骰子游戏 / 49

第4章　曲线的热力学 / 81

第5章　巴黎圣母院的群论学家 / 107

第6章　献给树神的祭坛 / 135

第7章　音律和谐的计算器 / 157

第8章　好沙发，好搬法 / 185

进阶读物 / 209

第 1 章
市场操纵者

树神与冒险的生意

"个人是无法战胜市场的。"罗德尼·卡什-里奇①说道。

"我并不打算挑战市场力量,"我回答道,"你也无法战胜雷暴,但这并不意味着你不应该给你的房子盖上屋顶。"

他对我的话不予理睬,并对我们周围的环境做了一个夸张的手势。"这就是市场力量所能实现的!对每个人来说,都是最好的结果!"

我不得不承认他说得有道理。地中海上的科斯塔纳尔马纳莱格海滩不久前还是私人所有,但现在已向游客开放。这里的海滩足有一千米长,金色的沙子一直延伸到蔚蓝的海水里。我可不是什么年轻精英雅皮士,所以通常不会出入这样的地方——恰恰相反,我是一个中年油腻的社会底层。不过,此时我确实在格里茨酒店参加一场关于"非线性优化"的专题学术讨论会。在酒店的海滩漫步时,我遇到了老熟人罗德尼和他的新女友菲奥娜。

我们在靠近海滩西端的岩石池之间找到了一个安静温暖且景色

---

① 卡什-里奇 Casshe-Riche 是作者杜撰的姓氏,与 Cash-Rich 发音接近,意思是"钱、富有"。——译者注

宜人的地方。几百米远处有一个冰激凌摊主,他的白色冰箱车上有一顶红黄相间的遮阳伞,像是灯塔一样引人注目。

"我去给大家买点冰激凌,马上就回来。"罗德尼说道。

"好主意,"我说道,"给我来一个巧克力蓝莓口味的。"罗德尼之前在垃圾债券的投机中赚了一大笔钱。这类交易在当年还是合法的,随后,他急流勇退,年仅32岁就实现了财富自由,过上了退休生活。

"呵,"他哼了一声,"菲奥娜,你呢?"

"我不要了,"她皱着眉头,满脸纠结地说,"我正在节食。"

"昨晚我们吃龙虾、喝香槟时,我可没觉得你在节食。"他说道。

"这是海鲜饮食法。"

罗德尼和我互相看了看。我们同时大喊:"所见即所吃!"

这是我俩的专属老笑话,一个百说不厌、百试百灵的老笑话。

罗德尼慢悠悠地走向冰激凌摊,冰激凌摊主迅速放下遮阳伞,并关上了冰箱的盖子。我并不感到惊讶,许多人见到罗德尼的第一反应都是这样,但这次并不是罗德尼的错。罗德尼回来时,他那张精雕细琢的、永远带着傲慢神色的脸上露出了一丝失落。

"由于竞争关系,暂时收摊了。"他说道,"市长放宽了本市的经济政策,整个岛屿成了私营企业的温床。事实证明,另外一个卖冰激凌的摊主在海滩的另一端开了一家店,一下子占据了他一半的市场份额。"

罗德尼接着说:"所以他正在迁移营业地点,去更接近海滩中心的区域,以增加他的市场份额。"

我无奈地说："市场经济的无形大手刚刚夺走了我们的冰激凌。"

"是的，但总体服务因此得到了改善，"罗德尼说，"现在有两个冰激凌摊主，所以他们更高效地为整个海滩的游客提供服务，人们去买冰激凌时要走的路也更短了。我打赌额外的销售额足够弥补第二辆推车的成本。"冰激凌摊主现在重新开业了，他在海滩上前进了大约四分之一的路程。现在，他的周围围满了晒成古铜色、尖叫着的孩子们。也许罗德尼是对的。

"不要紧，伊恩，"菲奥娜说，"冰桶里有些香槟。"

"现在，我只想要冰块。你呢，罗德尼？"

"愚蠢的东西！"罗德尼说道，"不，不是你，菲奥娜。"

他迅速补充道："是汽车电话出毛病了！"那是一个便携式设备，他从兰博基尼上取下来带到了海滩上。他绝望地大喊一声，将它扔进了一个水潭里。"该死的东西！噢，为什么它偏偏现在出问题！"

"发生了什么事？"菲奥娜问道。

他说："多罗斯兄弟公司的收购。我一直在等内部消息，以便决定是买入还是卖出股票，但现在电话打不通了！"

"那就另找一部电话吧，亲爱的。"

他气冲冲地离开了。十分钟后，他又气冲冲地回来了。"网络连接出现问题，"他说，"卫星在发送但不能接收。我可以在岛上的任何地方拨打电话，但是不能接收信息！我可以进行买卖交易，但就是不知道发生了什么！"

"可悲啊，"我说道，"没有内部消息的世界也太可悲了！"

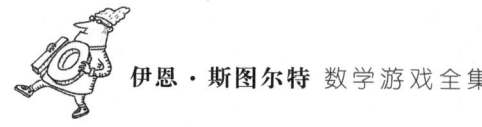

"看,伊恩,"他说,"这是很严肃的事情。我正和马克斯多克·默威尔①对抗,如果我选错方向,我将损失一大笔钱!我不能坐以待毙,否则我将一败涂地!我需要冒险做出决策,但我没有所需的信息!"

"也许我可以帮忙。"我说。

"你?你对股市了解多少?"

"一无所知。"

"啊?"

"不过,"我补充道,"我是问题决策领域的专家。"罗德尼看上去不为所动,但我能感觉到他已经被我的话所吸引,就像溺水中的人紧紧抓住救命稻草一般。"告诉我你的问题。"我边说边用余光注意到第二个冰激凌摊主正费力地推着他的推车(冰箱盖上了,遮阳伞也收起来了),沿着海滩朝我们走来。但他离我们最初遇到的冰激凌摊主还是很远。

"这很复杂,"罗德尼说,"如果马克斯多克和我都买入股票,那么他会赚500万美元,我会赚100万美元。如果我们都卖出股票,我们都不会有损失,但也没有盈利。如果我卖出股票而他买入,那么我们两个都会赚400万美元。但是如果我买入而他卖出,他会赚900万美元,而我会亏损100万美元。"

"太棒了!"我喊道,"一个经典的双人非零和博弈!"

---

① 马克斯多克·默威尔(Maxdoch Murwell)是作者杜撰的名字,有趣的是,它恰好可以由媒体大亨麦克斯韦(Maxwell)和默多克(Murdoch)两人的名字重新组合而来。——译者注

"我告诉过你,这是非常严肃的事情——"

"博弈论也是一样严肃的,"我说道,"它是由顶尖数学家冯·诺伊曼(John von Neumann)发明的。它只是听起来有些轻浮。让我来画出收益矩阵。"

收益矩阵

在一个双人博弈中,每个玩家可以选择有限数量的行动或策略(在这里是两个)。这个博弈的收益矩阵列出了两个玩家所有可能的策略组合,以及它们的收益(玩家赢取或失去多少)。马克斯多克和罗德尼的收益矩阵如下:

表 1.1

		罗德尼	
		买入	卖出
马克斯多克	买入	5,1	4,4
	卖出	9,-1	0,0

行代表马克斯多克的两种策略,买或卖;同样地,列代表罗德尼的策略。在给定的行和列中,两个数字显示两个玩家的回报,以百万美元计算;第一个数字是马克斯多克的回报,第二个数字是罗德尼的回报。例如,左下角的数字表示,如果马克斯多克卖出,罗德尼买入,那么马克斯多克将获得 900 万美元,而罗德尼将损失 100 万美元。

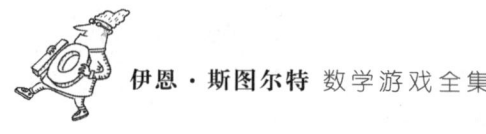

"对于游戏玩家如何得出一个理性的决策集合,即所谓的均衡,存在着各种不同的理论观点,"我说道,"其中一个想法是寻找占优策略。"

"那是什么?"菲奥娜问道。

"策略只是一种选择,买或卖。至于占优……"我用一根棍子在沙滩上写下:

占优策略的收益以及对手的任何应对策略,必须严格大于其他任何策略以及相同应对策略的收益。

我补充道:"'严格大于'的意思就是字面上的意思——大于而不相等。关键是,不管你的对手做什么,占优策略都会给出最大的回报。"

"超棒!"

"如果两位玩家都有一种占优策略,那么他们的组合被称为一个占优策略均衡点。理论上,两位玩家应该会选择他们各自的占优策略,但实际未必如此,就像我们将会看到的那样。不过,这样做通常是有道理的。

"首先,让我看看你是否有一种占优策略。它必须是买入或卖出。让我们考虑一下结果。先假设马克斯多克决定**买入**。罗德尼**卖出**,马克斯多克**买入**——罗德尼的回报是 400 万美元;罗德尼**买入**,马克斯多克**买入**——罗德尼的回报是 100 万美元。第一个选择对你来说更好。所以如果**存在**对你而言的占优策略,那必须是**卖出**。

"现在假设马克斯多克决定**卖出**。罗德尼**卖出**,马克斯多克**卖出**——罗德尼的回报是 0;罗德尼**买入**,马克斯多克**卖出**——罗德尼

的回报是−100万美元。同样表明,如果你**卖出**,你的回报更高。所以**卖出**是你的占优策略。

"但是马克斯多克是否也有占优策略?先假设你决定买入。马克斯多克**卖出**,罗德尼**买入**——马克斯多克的回报是900万美元;马克斯多克**买入**,罗德尼**买入**——马克斯多克的回报是500万美元。第一个选择对马克斯多克更好。

"现在假设你决定卖出。马克斯多克**卖出**,罗德尼**卖出**——马克斯多克的回报是0;马克斯多克**买入**,罗德尼**卖出**——马克斯多克的回报是400万美元。这次,'马克斯多克卖出'的回报比'马克斯多克买入'的回报要差。因此,马克斯多克没有占优策略。

"这意味着不存在占优策略均衡点,因此没有简单的规则来做出决策。"

"你的博弈论用处不大。"罗德尼说道。

"哦,我还没说完呢,"我说道,"我没想过会有一个占优策略均衡点。实际上,占优策略均衡点并不常见。无论如何,'司机困境'表明,占优策略均衡点并不总是导致最佳结果。"

司机困境

霍雷肖和夏洛特正在巴黎开车,两人同时希望进入一个十字路口。每个人都有两种策略:按喇叭或保持沉默。

以道德至上为标准,按喇叭者获得10分的回报,但前提是对方没

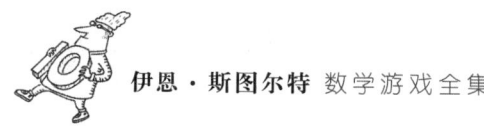

有按；如果双方都按，每个人都损失 7 分，因为行动变得毫无意义而且吵闹；如果双方都不按喇叭，每个人的回报为零。回报矩阵如下：

表 1.2

		霍雷肖	
		不按喇叭	按喇叭
夏洛特	不按喇叭	0,0	-10,10
	按喇叭	10,-10	-7,-7

很明显，双方的占优策略都是：按喇叭。这导致了一个独特的占优策略均衡（按喇叭，按喇叭），在这个均衡状态下，霍雷肖和夏洛特都选择按喇叭。但是这个占优策略均衡使他们两个都损失了 7 分！策略（不按喇叭，不按喇叭）对双方来说得到了更好的回报，即零分。用数学术语来说，均衡状态（不按喇叭，不按喇叭）是帕累托最优的。

用更经典的例子来说，这个游戏被称为"囚徒困境"。在这个情景中，霍雷肖和夏洛特是被指控参与了同一起犯罪的两名囚犯，他们正在被分开审讯。"不按喇叭"和"按喇叭"这两个选项可以被替换为"不认罪"和"认罪"；而回报则代表了监禁的年数（例如，"-7"表示 7 年的监禁刑期），分析方法保持不变。

"正如我们刚才所看到的，占优策略均衡点并不总是存在。因此，我们需要一些不同的东西来代替它。纳什（John Nash）提出了纳什均衡的概念，认为这才是正确的理念。"

"纳什均衡，那是什么？"罗德尼问。

"假设你选择R,而马克斯多克选择M。这是你和马克斯多克之间的一个策略选择,它满足以下条件:如果马克斯多克坚持选择M,那么当你选择R时,你的回报至少和其他选择一样大;而如果你坚持选择R,那么当马克斯多克选择M时,他的回报至少和其他选择一样大。换句话说,只要对方不改变选择,你们两个都没有任何动机去改变自己的选择。"

"那有什么意义呢?"

我说:"纳什均衡是对于双方玩家而言的理性策略,因此很可能是明智的选择。"

"哦。"

"当然,这是有争议的。"

"在经济学中,一切都是有争议的。"

"好消息是,纳什均衡总是存在的,这被称为纳什定理。"

"以纳什的姓氏命名的。"

"确实。"

"就像他的均衡。"

"没错!"

"那他的牙齿呢?"

"闭嘴,罗德尼。占优策略均衡点总是纳什均衡点,但纳什均衡点不一定是占优策略均衡点。所以纳什均衡的概念更广一些。"

"啊。"

"你应该记住,在给定的游戏规则中可能存在多个纳什均衡点。"

"哦。"

"开始吧!让我们假定 M = 买入,R = 卖出,"我说道,"对于马克斯多克而言,坚持选择买入的回报是 4,如果他改变策略为卖出,他会得到的回报是 0。这样会更糟糕。

"所以只要你不改变,他就没有动机去选择不同的方式。因此,(买入,卖出)就是一个纳什均衡点。另一方面,对于你来说,我们需要看看如果马克斯多克坚持选择买入,而你改变为同样买入的情况下会发生什么:你的回报从 4 变为了 1。

"这意味着你也没有动机去改变。所以马克斯多克买入、罗德尼卖出是一个纳什均衡点,但并不是一个占优策略均衡点,因为我们已经确定不存在这样的情况。"

树神与冒险的生意

问　　题

1. 套用经典的"囚徒困境"理论,霍雷肖和夏洛特遇到的"按喇叭"问题也可以被称为"司机困境",你能找到这个问题中的纳什均衡点吗?如果存在多个纳什均衡点,请把它们找全吧!

"那这些对我而言又意味着什么？"罗德尼问道。

"我建议你卖出。"我说，"马克斯多克的策略就是买入，这样你们每个人都能赚到400万美元。"

"但如果他也卖出呢？"

"他不会选择卖出的。"我说道。现在两个冰激凌摊主正在坚定地向海滩中间移动，离顾客们——包括我们——越来越远。

"这样做并不理性，"我继续说道，"如果他认为你会卖出，那么他最好的应对策略就是买入，否则他什么都得不到。我猜想他不会为了将你的利润降为零，而放弃赚取400万美元利润的机会。"

"但是为什么他会认为我会选择卖出呢？"

我耐心地解释道："因为，不这样做可就太傻了。如果你选择买入，那么你的最大利润只有100万美元。更糟糕的是，马克斯多克可能通过选择卖出来让你亏损100万美元。你会选择给他这种占优策略吗？当然不会！如果我们能够想到，他也能够，这意味着他知道你选择买入是愚蠢的！然后他知道你会卖出。这样他也必须选择卖出，以最大化自己的利润。简单！"

"嗯，我不确定马克斯多克是否能够做出如此复杂的推理。"

"也许不能，不过我敢打赌他的市场分析师可以。"

"没错，没错……最坏的情况下我还是能赚到100万美元。"他想要取回手机，但是有一只长着大爪子的寄居蟹住在了里面，所以他去找公用电话。不久他回来了，看起来开心多了。

"我的那份呢？"我问道。

"算你倒霉,兄弟!你不该不谈条件就把你的专长全盘托出!你要在提供信息之前先谈好价格!"这下,我可懂了为什么罗德尼拥有一辆新的兰博基尼,而我只能勉强使用一辆古老的兰美达摩托。

然后他的脸色变了。"那两个白痴在搞什么?"

这两位冰激凌摊主现在已经在海滩中间并排坐下,重新开始营业了,并且他们似乎都打算就此安营扎寨,不再搬迁了。他们现在平分市场,但顾客们平均需要走250米才能买到冰激凌。如果两位摊主分别在海滩的四分之一处和四分之三处设摊,他们仍然可以平分市场,但顾客的平均步行距离将只有125米——当然,其假设前提是海滩上的人是均匀分布的。

"那太荒谬了!"罗德尼说道,"他们最终选择的是最糟糕的解决方案!"

"老兄,市场的无形大手在背后操控一切,你也奈何不了它。"我说道。

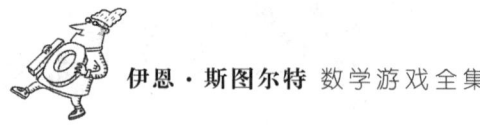

问　　题

2. 你明白为什么两位冰激凌摊主最终会停在海滩中间了吗？你能将这个问题建模成一个博弈游戏吗？

问　题

3. 虫爸爸亨利和虫妈妈安妮-莉达晚上要一起出去玩。他们可以选择看尾球比赛或是歌剧。如果分头行动,那么他们要各自前往目的地,并且不能享受甜蜜的"二虫世界"。如果可能的话,虫爸爸和虫妈妈还是想和对方共度时光。但是,虫爸爸亨利更喜欢尾球比赛,而虫妈妈安妮-莉达则更喜欢歌剧。两人,哦不,两虫的收益矩阵如下:

(接下页)

表1.3

		安妮-莉达	
		尾球	歌剧
亨利	尾球	3,1	-1,-1
	歌剧	-6,-6	1,3

请找出所有的占优策略均衡点和纳什均衡点。

树神与冒险的生意

问　题

4. 在一场发生在太平洋上的海战中，进攻方希望穿过海峡将部队送至岛上，防守方则计划轰炸进攻方的运输舰。现在进攻方有两条可选择的路线，一条是较短的北方路线，另一条是较长的南方路线。一旦防守方指挥飞机走错了路线，虽然可以回到另一条路线上去继续轰炸进攻方的运输舰，但会错过宝贵的时间窗口，从而影响防守效果。双方具体的

(接下页)

收益矩阵如下：

表1.4

		进攻方	
		北线	南线
防守方	北线	2,-2	2,-2
	南线	1,-1	3,-3

请找出所有的占优策略均衡点和纳什均衡点。

树神与冒险的生意

答　案

1. 司机困境场景中唯一的纳什均衡点仍然是(按喇叭,按喇叭)。有时候理性的决策并不明智!

2. 这个来自数理经济学的经典例子表明,市场力量并不总是为消费者带来最好的结果。如图1.1(a)所示,假设两位冰激凌摊主名叫阿尔弗雷多和贝尼托,并且阿尔弗雷多(A点)在贝尼托(B点)的左边。假设顾客都会选择最近的冰激凌摊主。他们的领地分界线是线段AB的中点M,如图1.1(b)所示。如果阿尔弗雷多恰好不位于海滩中心点,那么贝尼托可以通过移动到阿尔弗雷多和海滩中心点之间来提高市场份额,如图1.1(c)所示。同样地,如果贝尼托不在确切的中心位置,阿尔弗雷多也可以做同样的事情。所以,两个冰激凌摊主都会移动到中心位置,每个人都得到一半的市场份额,如图1.1(d)所示。

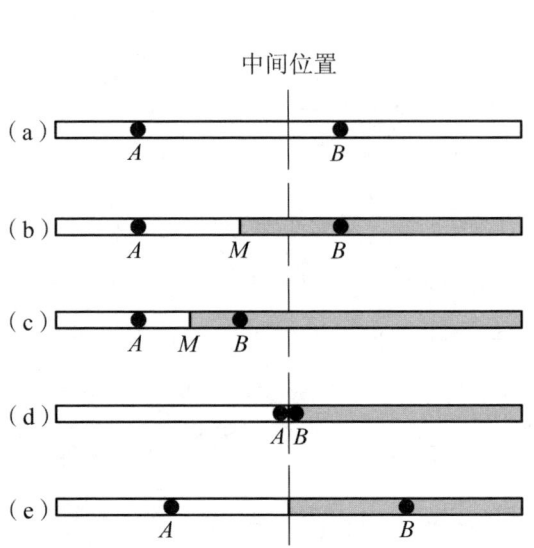

图 1.1 海滩上的两位冰激凌摊主和他们的市场份额
（a）任意起始位置；（b）相应的市场份额；（c）通过改变摆摊位置来获取更多市场份额；（d）市场力量的最终结果；（e）由非市场力量干预而得的摆摊位置,对顾客更好,对两位摊主也同样好

然而,他们现在"成功地"最大化了顾客到达冰激凌摊的距离。如果他们同意分别移动到海滩的四分之一和四分之三的位置,如图1.1(e)所示,那么每个人仍然能保持一半的市场份额,且顾客需要走的距离被最小化。但是,两位摊主并不会因为选择这两个摆摊点而得到额外的收益,因此没有动机这么做。

树神与冒险的生意

这有点像"司机困境"中的场景,只是两位参与者有无数种可能的策略(摆摊的位置)。为了进一步简化场景,假设阿尔弗雷多只能选择移动到 $\frac{1}{4}$ 或 $\frac{1}{2}$ 位置,而贝尼托只能选择移动到 $\frac{3}{4}$ 或 $\frac{1}{2}$ 位置。以市场份额为单位的收益矩阵如下:

表 1.5

		贝尼托	
		$\frac{3}{4}$	$\frac{1}{2}$
阿尔弗雷多	$\frac{1}{4}$	$\frac{1}{2},\frac{1}{2}$	$\frac{3}{8},\frac{5}{8}$
	$\frac{1}{2}$	$\frac{5}{8},\frac{3}{8}$	$\frac{1}{2},\frac{1}{2}$

这个场景的唯一纳什均衡点是 $\left(\frac{1}{2},\frac{1}{2}\right)$,并且这也是一个占优策略均衡点。

现在让我们从顾客的角度来看这个场景。这时,回报是到最近摊主的平均距离,距离越小越好,所以距离越远收益越小。如此一来,收益矩阵如下:

表1.6

		贝尼托的顾客	
		$\frac{3}{4}$	$\frac{1}{2}$
阿尔弗雷多的顾客	$\frac{1}{4}$	$-\frac{1}{8}, -\frac{1}{8}$	$-\frac{5}{48}, -\frac{17}{80}$
	$\frac{1}{2}$	$-\frac{17}{80}, -\frac{5}{48}$	$-\frac{1}{4}, -\frac{1}{4}$

现在的纳什均衡点(同样也是占优策略均衡点)是$\left(\frac{1}{4}, \frac{3}{4}\right)$。顾客永远是对的!

3. 虫爸爸、虫妈妈的这个场景中,不存在占优策略均衡点。不过,(尾球,尾球)和(歌剧,歌剧)都是纳什均衡点。

4. 在这一场海战中,双方都没有占优策略,因此不存在占优策略均衡点。如果防守方的指挥官认为进攻方会选择北线,他就会选择北线去防守;但如果他认为进攻方会选择南线,那他也会选择南线。但是,如果站在进攻方的角度看待问题,那他们总是会选择与防守方相反的路线。

在这个问题中,进攻方确实有一种弱优势策略。换句话说,进攻方选择北线的结果不至于太过糟糕,而且如果防守方碰巧选择了前往南线防守,进攻方就能得到很好的结果。如果防守方的指挥官意识到这一点,他可以假设进攻方会选择北线,并划掉第二列,从而创造一个新的博弈场景。

这时,防守方就有占优策略了,即向北线前进。此时,(北线,北线)被称为迭代占优策略均衡,这也是唯一的纳什均衡点。

第 2 章
居里的错误

树神与冒险的生意

几年前的夏天,我开车行驶在纽约州北部的一条高速公路上。我的前面是一辆大货车,货车后部有两块挡泥板。和其他挡泥板一样,这两块挡泥板也随着车的行驶而摇晃,但不同之处在于,它们的摇晃并不同步:当左边的挡泥板向前运动时,右边的挡泥板却在向后运动,反之亦然。

对于这个场景,工程师可能会注意到振动相位相差180°,物理学家可能会观察到振动是由涡旋脱落引起的:卡车在行驶时产生了一串微小的龙卷风,依次向左右剥离,经过挡泥板时便引发其振动。但对我而言,我所看到的只是对称性破缺的一个例子。卡车挡泥板的位置几乎是左右对称的,其运动轨迹却是不对称的,即左挡泥板和右挡泥板的运动轨迹并不相同。实际上,涡旋的模式具有自己的对称性,但与卡车的对称性不同,如图2.1(a)所示。该卡车在左右互换的反射变换下是对称的,如图2.1(b)所示;它所产生的脱落的涡列在滑移反射变换下呈现对称性,如图2.1(c)所示。

在更早些时候,我曾经去过加利福尼亚州北部,那里有巨大的红杉树和巨杉树。它们的树干大致上是圆柱形的,因此具有高度的圆

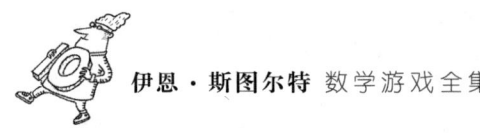

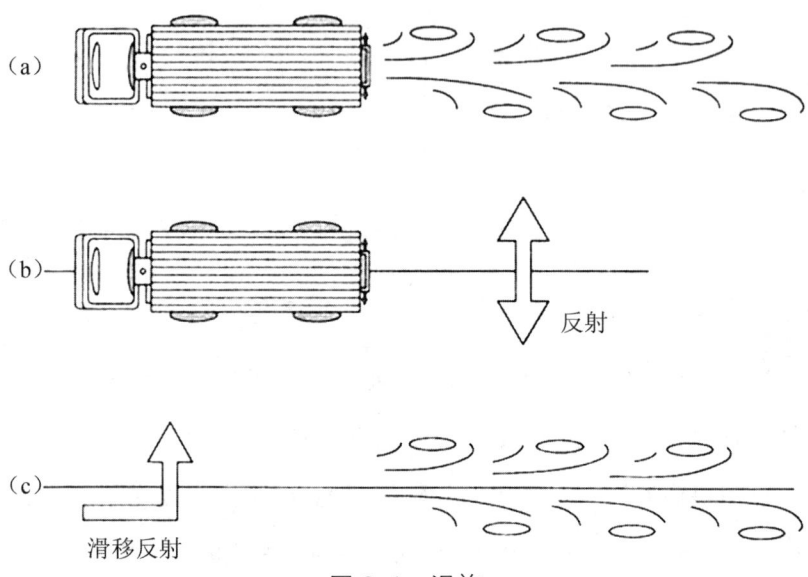

图2.1 涡旋

(a) 在左右对称的卡车后方形成的涡旋并没有自身的对称性；(b) 它在反射变换下对称；(c) 脱落的涡列在滑移反射变换下呈现对称性，因此挡泥板会交替摆动，而不是同时摆动

柱对称性特征。圆柱的对称性有三种变换形式：旋转、平移和反射①。如果你围绕圆柱的轴线旋转一圈，其形态保持不变，如图2.2(a)所示；如果你沿着它的轴线方向平移，结果也能保持对称性，如图2.2(b)所示。准确地说，平移对称只适用于无限长的圆柱，但对于足够长的圆柱来说，也很近似了。在反射对称中，有两种不同的对称形式，即垂直和水平方向的对称，如图2.2(c)和图2.2(d)所示。

我们自然而然地会认为，树皮的图案应该与树本身具有类似的对称性。一个与圆柱有着相似对称性的树皮图案，在进行旋转、平移

---

① "反射对称"的通俗说法是"镜面对称"。——译者注

和反射后看起来应该基本相同。

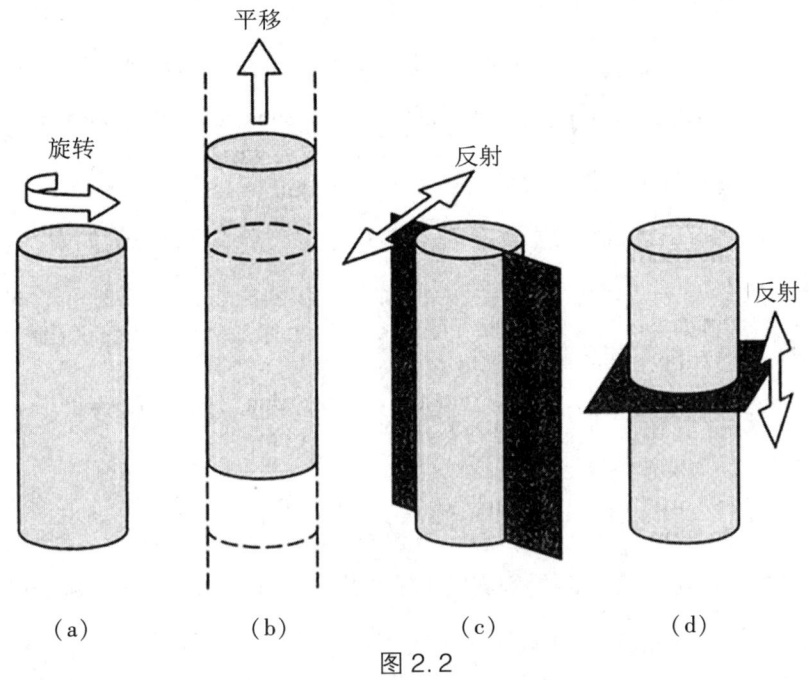

图 2.2
(a) 绕轴线的旋转;(b) 平移对称(假设圆柱无限长);(c) 沿轴线所在平面的反射对称;(d) 垂直于轴线平面的反射对称

这意味着树皮上的沟槽应该大致垂直地延伸,就像大多数树木的形态一样。然而,实际上我在加利福尼亚州的一些树皮上看到的却是像理发店灯柱或超大棒棒糖上的彩色条纹一样的螺旋图案。这种螺旋结构仍然具有一定的对称性,却不属于我们在上面提到的类别。如果你让一个螺旋结构边旋转边沿轴向平移,那么它的形状看起来是不变的。所以,螺旋的对称性是旋转和平移的综合产物,也被称为螺旋对称。由螺旋对称的名字我们不难想到木工用的螺丝钉,

而螺旋对称确实也是螺丝钉的工作原理：当螺丝钉旋转着进入物体时，其螺旋形状使得它能够在旋转的同时沿着轴向前进，从而实现紧固物体的目的。现实中的螺丝钉是逐渐变细的，因此在进入时会稍微扩大孔径，以获得更好的紧固效果。相比之下，有螺旋纹的螺栓则具有完全对称的特性。

那些长出螺旋树皮的树木是否经历了某些特殊事件，例如农药、严寒的冬天、干旱等？还是说，螺旋对称形状的树皮和其他对称形式的树皮一样都是完全正常的呢？

为了解答这个问题，我们必须回答一个基本的普遍问题：系统的对称性如何影响其行为？

针对这一问题，伟大的放射物理学家皮埃尔·居里（Pierre Curie）曾给出一个著名的答案，他因和妻子玛丽（Marie Curie，即居里夫人）共同研究放射性物质，并发现了镭和钋元素而闻名于世。1894年，他从数学和物理学的传统知识中提出了一个普遍原理，并给出了两个逻辑上等价的表述：

1. 如果特定的原因导致了特定的结果，那么这些原因的对称性将在结果中重新出现。

2. 如果特定的结果显示出一定的不对称性，那么这种不对称性将反映在导致它们的原因中。

但是居里的话一定是正确的吗？很多科学家有意或无意地默认其正确性，并且在工作中把它当作假设前提。例如，在伦敦的肯辛顿科学博物馆里，有一架用于在风洞中研究飞机周围空气流动的载人喷气式飞机的工程模型。由于飞机是双侧对称的,工程师只建造了模型的一半,这就隐含地假设气流也必须是双侧对称的。这样的假设是否合理?

乍一看,居里提出的原理"显然"是对的。如果一个呈完美球体的星球拥有了海洋,我们会默认海洋的深度到处都是相同的。如果行星旋转,破坏了它的球对称性,但保持了绕轴的旋转对称性,那么我们就可以预期海洋在赤道处会凸起,但仍然保持环形对称性。对于一个双侧对称的飞行器,除了双侧对称,空气流动还能有什么别的方式呢?

这可不是反问句。这个问题确实有一个令人惊讶的答案:气流可能是不对称的。事实上,上述卡车的挡泥板和树木的树皮都是对称系统的例子,但它们的行为却不那么对称。类似现象比比皆是。

当一个完美的圆柱(如金属管材)受到足够大的轴向压力时,它就会发生屈曲变形。这并不是由于力的不对称性造成的:即使外力沿管道轴线方向作用,保持关于该轴的旋转对称性,管道仍然会屈曲。屈曲的圆柱不再具备圆柱形状——这就是"屈曲"的字面意思。屈曲的球体不再是球形。在图2.3中展示了一个

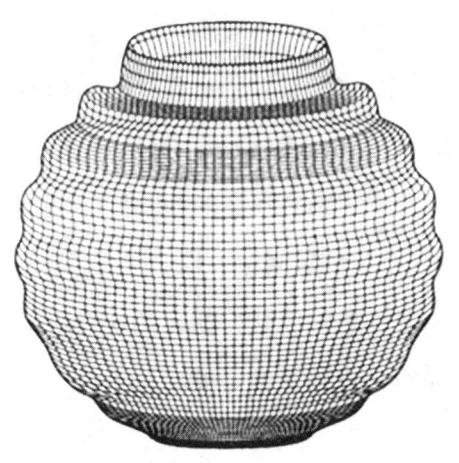

图2.3
一个被均匀的球对称压力压弯的球壳的计算机模拟图像,其屈曲状态具有圆对称性,但不具有球对称性

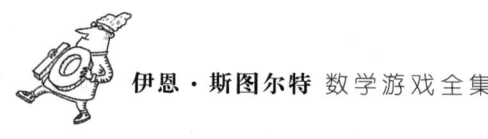

在球对称的压力作用下,球壳发生屈曲的计算机图像。

这种对称性降低或丧失的现象被称为对称性破缺。这种现象似乎是自然界中许多类型的图案形成的原因。这个过程也有一个非常明确的数学结构,可以用来理解图案生成的深层原理。

是什么导致了对称性破缺?答案是,自然系统必须是稳定的,即使受到干扰,它们也应该保持其形态。例如,一个平放着的别针是稳定的,可以在现实世界中存在。一根竖直放置的别针在理论上是可能的——它是描述别针行为的数学方程的有效解,但它在现实世界中并不存在,因为它是不稳定的,稍微一点风就会让它倒下。从数学的角度来说,一根长线或链条也可以竖直向上保持平衡;但这并不能解释印度绳法①的原理。同样,这是因为绳子不够稳固。居里断言对称系统应该具有对称状态,这是正确的;但他未能考虑到它们的稳定性问题。如果一个对称状态变得不稳定,那么系统将会发生其他变化——这些变化不一定是对称的。

特别值得注意的是,树皮呈现出的螺旋状图案并不值得大惊小怪,如果完美对称的模式代表了不稳定的发展,那么微小的扰动将会导致对称性破缺。螺旋是打破圆柱对称性的常见方式之一,所以可能会发展出螺旋图案。

---

① 印度绳法也称印度绳索戏法。表演时,绳子在没有明显支撑的情况下直立起来,甚至表演者还可能沿着绳子向上攀爬。——译者注

树神与冒险的生意

问 题

1. 你能想到五个自然界中对称性破缺的例子吗?

你可以在自己家里进行对称性破缺的实验。取一根圆形横截面的软管,垂直悬挂,管口向下,让水稳定地流过它。你可以使用化学实验室里常见的那种直径约 5 毫米的柔性橡胶管。这个系统关于软管中心垂直轴呈圆对称。事实上,如果水流速度足够慢,软管就会保持在垂直位置,并保持其圆对称性。

然而,如果进一步开大水龙头,软管就会开始摆动。实际上,软管有两种不同的摆动方式,在你的实验中出现哪种方式将取决于管子的长度和柔韧性。一种是软管像钟摆一样左右摆动,如图 2.4(a) 所示;另一种是软管绕圈旋转,水呈螺旋状喷出,如图 2.4(b) 所示。孩子们洗车时经常会观察到类似的现象。这些摆动不具有关于垂直轴的圆对称性。实际上,它们以两种不同的方式打破了这种对称性。

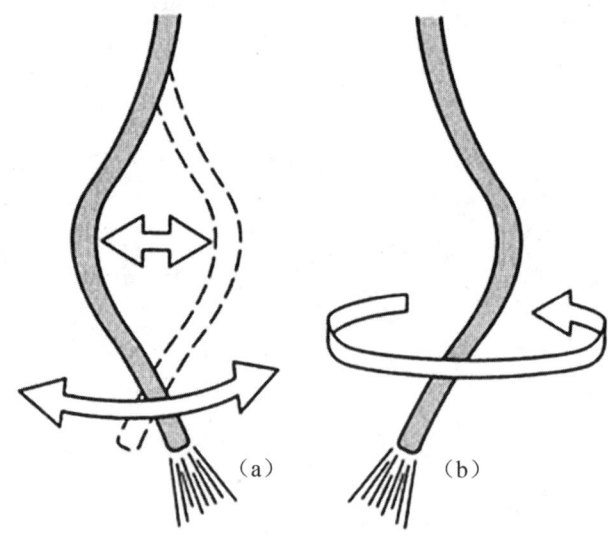

图 2.4　圆形软管的两种摆动方式

(a) 软管像钟摆一样左右摆动;(b) 软管绕圈旋转,疯狂摆动。软管本身是圆柱,但这两种摆动都不具备圆柱的对称特征它们还打破了另一种不太明显但非常重要的对称性:时间对称性。原来稳定的水流在所有时刻看起来都完全相同;而振荡的水流则不然。然而,时间对称性并没有完全丧失:两种摆动都是周期性的,因此在周期的整数倍时刻看起来完全相同。稳定状态的连续时间对称性破缺为周期性状态的离散对称性,如图2.5所示。

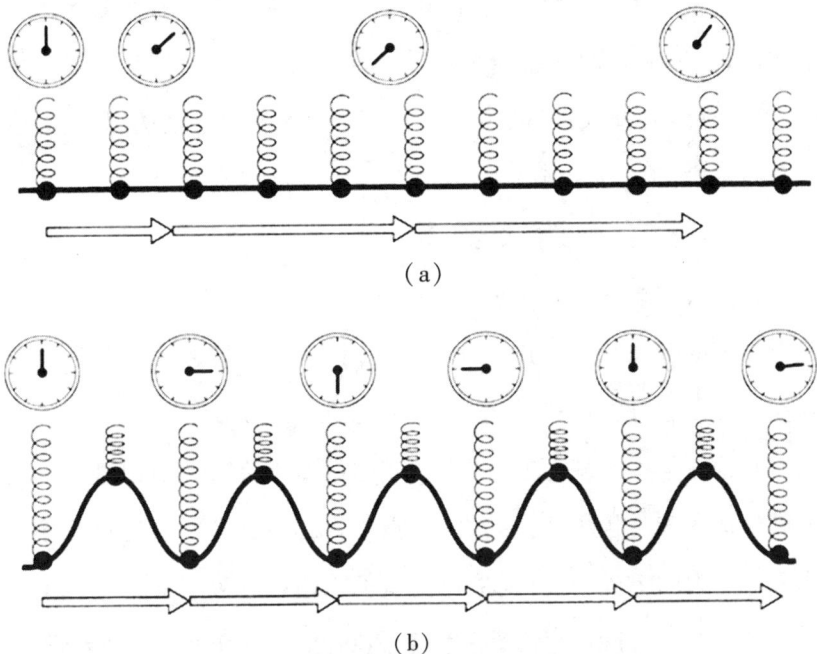

图2.5 所有周期性振动都会打破时间对称性
在这里,以一个悬挂在弹簧上的重物作为例子来说明这个概念。(a) 系统处于平衡状态,对于时间的演化具有对称性:在之后的任何时刻,它看起来都完全一样;(b) 当重物周期性地振荡时,系统只在周期的整数倍时刻看起来相同

对称性破缺导致图案的形成。在世界上的一些地方,有奇特的扁平石堆,大致呈六边形排列,像蜂窝一样。为什么会这样呢?最

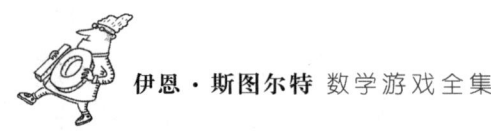

初,这些石头在一个大而浅的湖底。太阳光加热了湖水,水的温差导致了涡流。现在,一个大湖在任何方向的平移和旋转下近似对称——如果没有对称性破缺,水流也将在所有平移和旋转下对称——这意味着涡流不会发生!在热量的传导过程中,水将保持静止。

为了模拟实际发生的情况,读者们可以拿一个盛有少量水的平底锅(模拟湖泊)并将其放在炉子上(模拟太阳)。打开炉子并加热平底锅(注意安全,如果你还不满18岁,请事先征得家长同意)。在加热过程中,你会观察到什么呢?

是一些奇怪的、细胞状的图案。

其背后的物理原理在于,热的流体(水)密度较低,倾向于上升。随着温度的升高,底部的密度较低的热水被上层更冷、密度更高的冷水层所困。这种情况是不稳定的,一旦触发热对流,结构就会被打破。热水在某些区域上升,冷水在其他区域下降。此时出现了一种规则流体的细胞状图案,称为贝纳胞(Bénard cells)。有时这个图案由平行的卷曲组成,有时则是蜂窝状的六边形阵列。在一个真实的锅中,对称性是近似的,图案相当不规则;但在一个理想化的无限大锅中,你会得到完美的蜂窝图案。这些图案仍然具有很高的对称性,但比锅的对称性要低一些。

因此,真相比居里的原理中所表述的更为复杂(这里需要为居里正名一下:居里本人知道这一点,并且曾在其他地方明确指出过)。一个对称系统将保持同样的对称状态,除非这种对称性发生破缺!

这似乎是在说居里是对的,除非他错了。但通过分析对称破缺发生的条件,我们可以给这个想法赋予一些真正的内涵。为此,我们需要使对称性的概念精确化,这就需要数学中的群论工具。

对称性是我们理解宇宙科学的基础。守恒原理,如能量或动量守恒,表达了时空的对称性:物理定律在任何地方都应该是相同的。基本粒子的量子力学是一个疯狂的世界,在这个世界里,一个质子可以"转变"成一个中子,其物理定律必须反映这种可能性,它是用对称性的数学语言来表述的。晶体的对称性不仅能对其形状进行分类,还决定了它们的许多性质。从海星到雨滴,从病毒到星系,许多自然形态都具有惊人的对称性。人造物品也往往是对称的:圆柱形管道、圆形盘子、方形盒子、球形碗、六边形钢筋。正如英国诗人布莱克(William Blake)在诗作《老虎》(The Tiger)中所问:"是何等不朽之手或眼,能够塑造出你骇人的对称之美?"

但是,到底什么才是对称呢?

在日常语言中,术语"对称"有两种不同的用法。

第一种用法比较模糊,就像布莱克所说的老虎那种优雅的比例。第二种意思更具体,指的是形状的重复特征。数学家所关注的是第二种含义。

人体的形状(大致上)是左右对称的:人们在镜子里看起来与他们本人差不多。也就是说,人体左半边和右半边的总体轮廓是相同的,如图2.6(a)所示。海星具有五重对称性,它的五只触角形状相同,如图2.6(b)所示。雪花有六重对称性,如图2.6(c)所示。无限延伸的蜂巢除了每个单元的六重对称性之外，还具有空间上扩展的重复结构，如图2.6(d)所示。

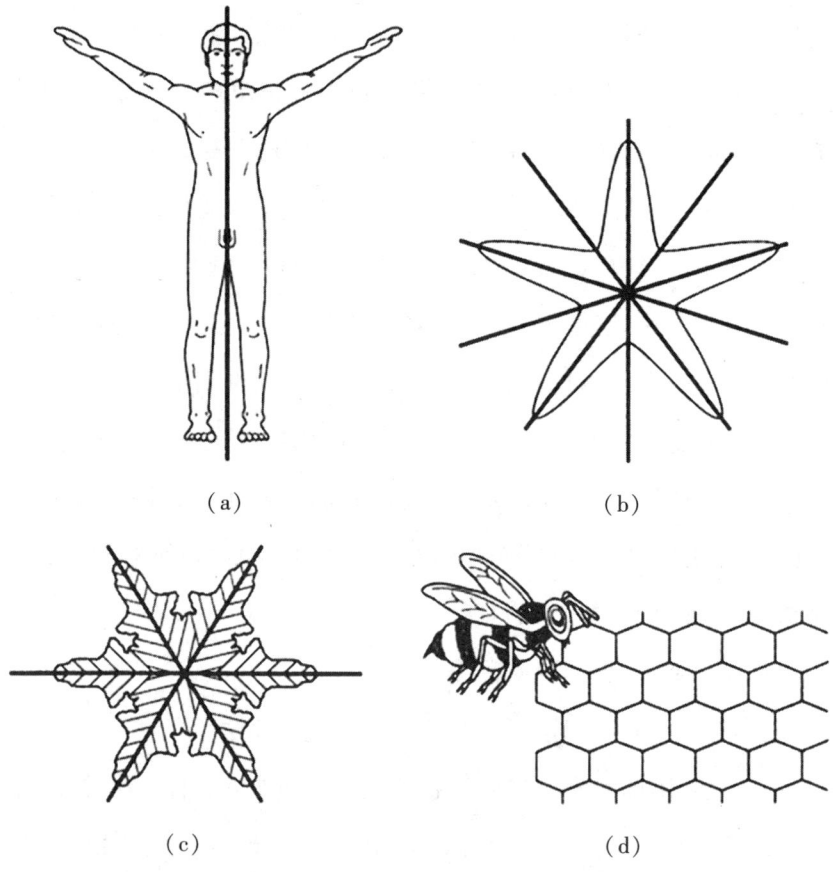

(a)　　　　　　　　　　(b)

(c)　　　　　　　　　　(d)

图2.6　不同种类的对称性
(a) 双侧对称性；(b) 五重对称性；(c) 六重对称性；(d) 六重对称性且具有额外的平移特征

为了抓住对称性的本质，数学家关注的与其说是物体的具体形状，不如说是可以施加于物体上的转换。假设有人在桌面上展示了一个完美对称的海星，并且在那个人背过身时，海星被他人旋转了五

分之一圈。在重新观察海星后,那个人将无法确定它是否被移动过。如果将它旋转五分之二圈、五分之三圈、五分之四圈,甚至仅仅保持不动,情况也是如此。因此,有五种不同的变换可以应用于海星,而不会改变它的形态和位置。这些变换决定了海星的对称群。

这里的"群"并不仅仅意味着有几个变换。假设连续施加两次对称变换。每次变换都使海星表面上看起来没变,所以最终结果也不会改变它的外观。这意味着连续进行两次对称变换的结果必为另一个对称变换。"群"这个概念表达了这个事实,即任何两个对称变换,当它们组合在一起时,会产生另一个对称变换。

例如,将海星旋转五分之一圈,然后再旋转五分之二圈,与将其旋转五分之三圈的效果是相同的。在符号上,可以用"一圈"为单位写成 $\frac{1}{5}+\frac{2}{5}=\frac{3}{5}$,这是一个自然而然的等式。然而,对称群的数学并不像这么简单。想象一下将海星旋转五分之三圈,然后再旋转五分之二圈。结果是一圈完整的旋转,但实际上每个海星的位置都与开始时完全相同。如果我们只关注点的最终位置,而不关注它们是如何到达那里的,那么这就等同于"没有旋转"。换句话说,在海星的对称性世界中,$\frac{3}{5}+\frac{2}{5}=0$。

几何中最重要的对称变换类型包括旋转、反射和平移。旋转可以使某个点(即旋转中心)固定不动;反射则通过在虚拟镜子中观察形状来实现;平移则是使形状在某个方向上整体移动,而不发生旋转或反射。通常我们省略了"变换"一词,简称为物体的"对称性"。因此,用群论的术语来说,一个正方形有八种对称性:三种旋转(四分之一圈、半圈或四分之三圈),四种反射(在两条对角线上的反射以及将对边平分的两条线上的反射),还有一种平凡的对称性,即"不做任何操作"。单个的正方形没有平移对称性。但另一方面,如果整个无限平面是由一片片正方形瓷砖覆盖的,那么它具有平移对称性;如果整个图案向任意方向平移整数片瓷砖,它看起来和原来完全相同。这个例子可能看起来有些奇特,但实质上它是物理学家描述晶体对称性的二维版本。

当对称性破缺时,对称性去哪里了呢?这是个很好的问题!

齐曼(Christopher Zeeman)于1969年在华威大学发明了灾变机(图2.7),虽然它的发明初衷与此有所不同,但却表明对称性并非被彻底破坏,而是被分散。你可以制作一个灾变机并对其进行实验。根据以下的指示,你可以制作一个简单却可行的模型,但如果你想要这个模型更坚固耐用,则需要进行更深入的工程设计。

使用一枚图钉和一个纸垫圈将一个厚纸板圆盘固定在木板上。在圆盘

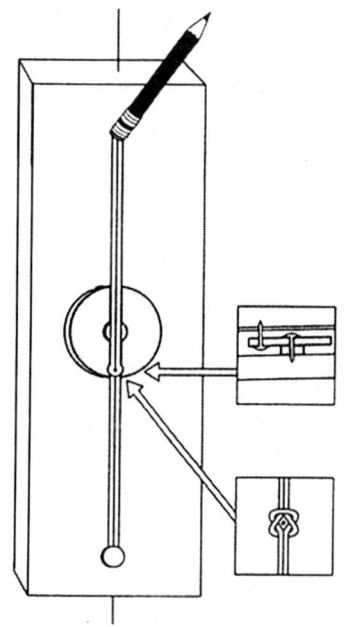

图2.7 齐曼灾变机及其对称轴

的边缘附近再固定一个图钉,其尖端朝上。然后将两根橡皮筋连接到这个图钉上,其中一根橡皮筋末端固定在圆盘下方的点上,另一根橡皮筋的末端可在圆盘上方自由移动,比如可以用胶带把它固定在一支铅笔上,然后用手移动铅笔。

整个系统关于中心线具有反射对称性。如果你开始拉伸自由端的橡皮筋,你会发现系统遵循居里的原理并保持对称——圆盘不会旋转,如图 2.8(a)所示。但是当你进一步拉伸橡皮筋时,圆盘会突然开始转动——可能顺时针,也可能逆时针,如图 2.8(b)所示。现在系统的状态不再具有反射对称性。对称性已经破缺,居里的原理失效了。

对称性为什么会破缺?它又去哪儿了?

握住橡皮筋不动,将圆盘旋转到另一侧的对称位置,如图 2.8(c)所示。你会发现它会保持在那里,此时不是单一的对称状态,而是有两个对称相关的状态。一般来说,具有给定对称群的系统会破缺为一个较小的群,即子群。此外,系统可以存在于几个状态中,每个状态都可以通过完整系统的一个对称性从其他状态得到。

例如,屈曲的球形壳(图 2.3)的对称性从球形破缺为圆形,从三维空间中所有旋转的群破缺为具有给定轴的旋转子群,这里可以看到屈曲球体的对称轴。但对称性并没有完全丢失:如果你以任何方式旋转屈曲的球体,你会得到球体的另一种可能的屈曲方式。原则上,可能有无限多个不同的轴;实际上,壳的缺陷会选择其中一条。

回到布莱克的老虎,让我们将对称性破缺的一般原理应用于老

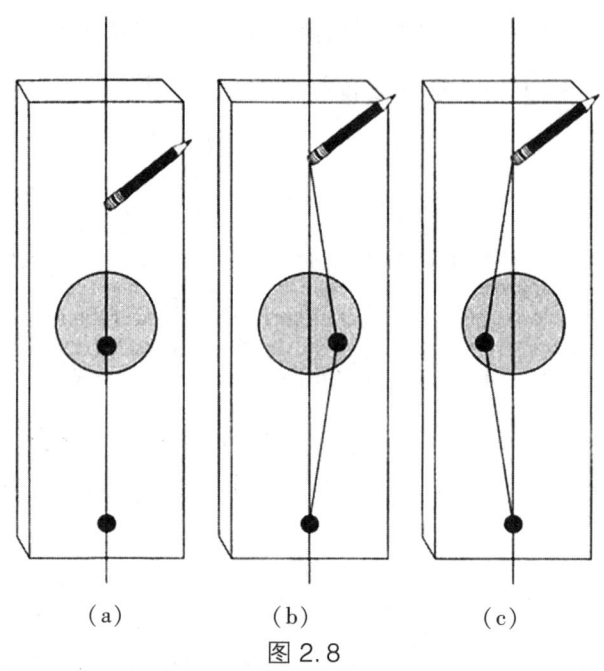

(a) (b) (c)

图 2.8

(a) 若轻轻拉伸自由端的橡皮筋,图钉处于轴线上;(b) 若进一步拉伸橡皮筋,尽管系统具有左右对称性,但图钉会偏离轴线旋转;(c) 存在第二个与状态(b)对称相关的状态;单个的解(b,c)打破了对称性,但它们共同构成了一对对称的状态。因此,对称性分散在多个解中,而非集中于一个解

虎皮肤上的图案。作为一阶近似,老虎也可看作圆柱形。我们已经看到了圆柱对称性破缺的一种可能方式:形成螺旋。另一种对称性破缺发生在平移对称性被打破时,然后均匀的图案被周期性的条纹所取代(图2.9)。布莱克是否偶然发现了比他想象中更深层次的真理呢?

在自然界,这是如何发生的呢?假设成年老虎皮肤上的图案是由其胚胎发育阶段中体表扩散的化学物质所控制。如果我们将老虎

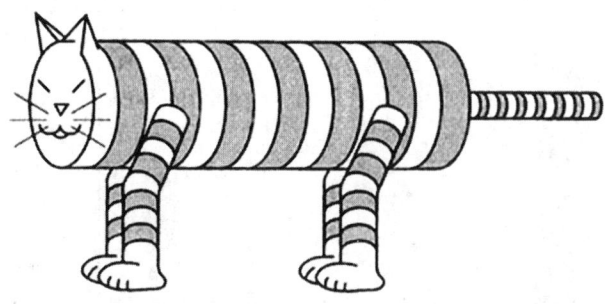

图 2.9 用圆柱近似的老虎,此老虎带有对称性破缺条纹

近似为一个完美的圆柱,那么完全对称的色素分布模式将造就一只全身均匀橙色的老虎——换句话说,就像狮子一样。但均匀的化学物质分布可能是不稳定的。于是对称性被打破——而条纹就是一种可能性!这就是狮子和老虎的主要区别吗?

这个想法可以追溯到计算机之父之一的图灵(Alan Turing),他对生物数学也很有兴趣。牛津大学的默里(Jim Murray)用计算机在更接近真实动物的近似模型上对同一现象进行了建模,结果也是相似的[①]。事实上,这个想法还可以进一步拓展。还有第二种不稳定性,即斑纹本身分解成以六边形模式排列的斑点,这样老虎就变成了豹子。图 2.10 展示了对大型猫科动物尾巴图案的计算机模拟结果。长而细的条纹比短而粗的条纹稳定性更差;由于动物的尾巴比身体细,所以尾巴上的条纹比身体上的更短,也就更不容易分裂。因此,有斑点的动物可能有条纹状的尾巴,但有条纹的动物不会有斑点状的尾巴。

[①] 默里. 豹子如何获得斑点. 科学美国人,1988,258(3):62-69.——原注

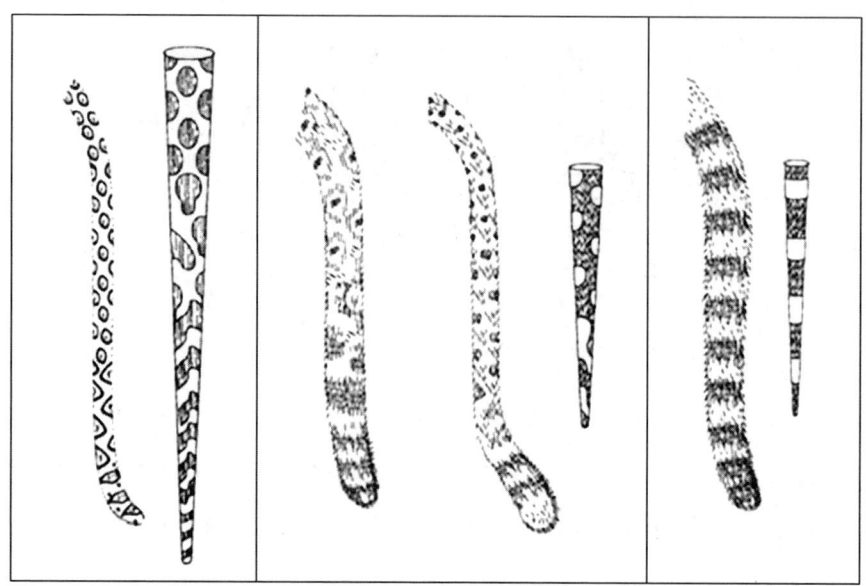

图2.10 豹子(左)、美洲豹和猎豹(中)、麝猫(右)尾巴的实物和计算机模型

不过,仍然存在许多未解决的问题。例如,是什么阻止了螺旋条纹老虎(spigers)——带有螺旋条纹的老虎——的出现呢?或者方形斑点豹(squeopards)——斑点呈方形而非六边形的豹子——的出现呢?但是对称性破缺的概念照亮了从天文学到动物学等众多科学领域。

看完了动物学中的例子,我们再看看天文学。在天文学领域中,我们只需看看一项非凡的发现——戈弗雷(D. A. Godfrey)的奇异洋流。土星具有绕轴旋转的对称性,其表面的风带形成了与赤道平行的彩色圆形带(土星也是有条纹的,它是一颗"条纹行星")。但在1988年,戈弗雷通过计算机分析"旅行者号"拍摄的图片发现,在土

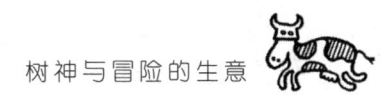

星北极周围存在一个缓慢旋转的六边形！圆形在任意角度旋转下的对称性被60°倍数的旋转所降低:圆形对称性破缺为六边形对称性！

并非世界上的一切都是对称的,也并非每一个对称系统都能通过对称性破缺进行有效分析。但令人惊讶的是,有很多系统确实可以。与世界上的大多数事物不同,对称在被打破时最为有效。

答　案

　　自然界中有成千上万个对称性破缺的例子，以下仅列举几个。

　　螺旋星系：由物质组成的星系盘，其对称性破缺形成了等间距的螺旋结构。

　　蜘蛛网上的露珠：水在蜘蛛网上均匀分布（如薄涂层）具有平移对称性，但不稳定，会分裂成周期性间隔的水滴。

　　地球高层大气中的急流：地球具有圆对称性，但急流会形成大致等间距的大尺度波状形态。

　　单簧管簧片的振动：演奏者稳定均匀地吹气，但簧片会来回振动。

　　热锅上的圆形水滴：水滴下方的蒸汽积聚时，会以多边形模式振动，打破圆对称性。

　　吹胀过度的球形气球：气球会扭曲成非球形，甚至可能破裂，从球形对称变为非对称。

　　宇宙：大爆炸时呈球形，但如今充满无尽多样形态，虽可能仍具球形轮廓，但已非球对称。

第 3 章
骰子游戏

树神与冒险的生意

"**26**。"牧鹅女孩彭彭说着,将骰子转了四分之一圈,使 5 点朝上。

牧羊男孩脏脏做了个鬼脸,说:"你这坏蛋!我需要那个 5 点才能赢!"

"所以我才把它转到上面,这样你就赢不了啦,"彭彭说,"谁先超过 31 点,谁就输。转四分之一圈的话,你只能转出 1、3、4 或 6 点。转出 6 点你就直接输了。要是转出 1 点,总数就变成 27,那我转 4 点就赢了。转出 3 点,总数变 29,我转 2 点就赢。转出 4 点,总数变 30,我转 1 点就赢。所以我赢定啦!"

聪明的读者,我想你应该已经能猜到游戏规则了吧。第一个玩家将一个普通的骰子(六个面分别标有 1 到 6 点)放在桌上,初始点数就是骰子朝上那面的点数。玩家轮流将骰子转四分之一圈,使相邻的一个面朝上,并把这个面的点数与此前的点数和相加。第一个使点数总和超过 31 点(或其他约定的数字)的玩家输。图 3.1 是一个游戏示例。

脏脏叹了口气,翻身仰卧,嚼着一根稻草,悲伤地说:"你又赢

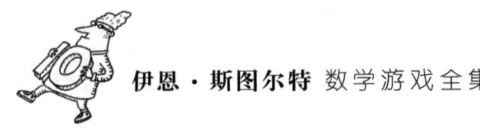

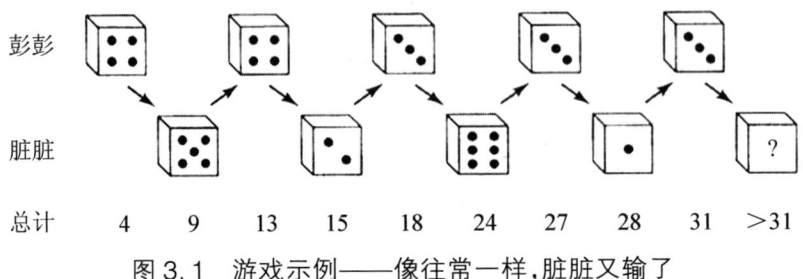

图 3.1 游戏示例——像往常一样,脏脏又输了

我了。"

"我告诉过你,"彭彭说,"我是个完美的逻辑学家。从第一步开始我就知道我会赢——你根本没机会。再来一局?"

"不了。逻辑跟赢得游戏之间有什么关系?网球比赛,我可是经常赢你的。"

"网球比赛比的是体力,而你比我强壮。但这是个纯智力游戏,所以我能轻松取胜,因为我知道必胜策略。"

"策略……人们老提这个词。但我一直不太明白它到底是什么意思。我猜就是怎么把游戏玩好。"

"在这类游戏里,策略就是不管对手怎么做都能赢的方法,"彭彭说,"有些游戏先手有必胜策略,有些则是后手有必胜策略。有些游戏,比如网球,可能根本就没有必胜策略。"

"怎么区分呢?"

"靠逻辑。如果存在必胜策略的话,逻辑能帮你找到它。"

"我不明白你的意思。"

彭彭在草丛中伸直双腿,把裙摆抚平并盖住脚踝。"这么说吧,

对于任何游戏,只需要满足下面四个简单的规则:

1. 可能的局面数量有限;

2. 任何一局游戏在有限步后结束;

3. 游戏总是以一方获胜而结束(没有平局);

4. 从给定局面出发,双方的可能走法相同。"

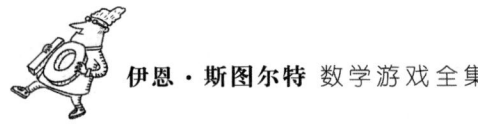

问 题

1.（1）彭彭和脏脏玩的骰子游戏是否满足这四个规则？提示：该游戏中的"局面"由两个数字组成——骰子朝上面的点数和当前点数和。

（2）国际象棋满足前述四条规则中的几条？

"现在,"彭彭说,"任何满足这四条规则的游戏,要么先手有必胜策略,要么后手有。我来告诉你怎么赢得这类游戏。赢这类游戏的方法总是从必胜局面开始。如果不得不从必败局面开始,那你就输了,也就是说,对手有必胜策略。当然,他可能笨得不会用,但我们完美逻辑学家……"

"是,但是……我是说,你怎么知道?"

"必胜局面就是你能选择一种走法,使局面变成(对对手而言的)必败局面。而必败局面就是每一种可能的走法都会导致(对对手而言的)必胜局面。哦,还有一点很重要:作为规则的一部分,终局必须定义为必胜局面或必败局面。比如在我们的游戏里,点数和正好是 31 的任何局面都定义为必胜局面。"

"这太傻了,"脏脏说,"你先用必胜局面定义必败局面,又用必败局面定义必胜局面。什么逻辑学家?完全是兜圈子胡说!"

"不,我可不是在兜圈子胡说,"彭彭说,"虽然我承认看起来好像有点像,但实际上,我用的是递归的方法。从任何局面出发,顺着逻辑链推导,最终会得到一个终局。我们知道这个终局要么是胜,要么是败,然后就能倒推出原来的局面是什么。实际上,既然倒推更有效,你不妨一开始就从后往前推。"

"呃?"

"我给你举个例子。"

她从围裙口袋里掏出一块巧克力(图 3.2)。

"这块巧克力被做了手脚,其中一个格子(右下角)发霉了,发霉

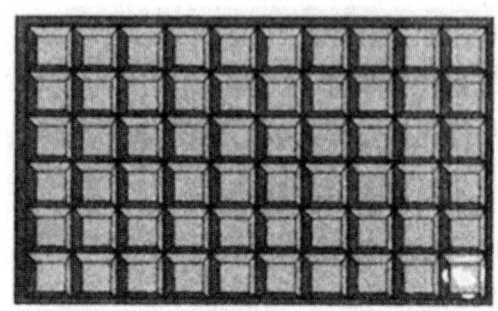

图 3.2　不要吃那格发霉的巧克力

的部分看起来恶心,吃起来更恶心。游戏规则很简单。玩家轮流沿网格线做一次直线切割,把巧克力切下一块吃掉。吃到发霉那格的人输。局面由巧克力条的长宽尺寸决定。这个游戏从 6×10 的巧克力条开始。由你先切。你想怎么切?"

"呃。那个发霉的地方看起来真糟糕……"

"我说过了,从后往前推。如果只剩下发霉的那一小块,那就是必败局面。所以,任何经过一步能走到这个局面的局面必然是必胜局面。能一步走到只剩发霉小格的局面就是那些留下一条巧克力,尺寸为 1×2、1×3、1×4 或一般地 1×n(n>1) 的局面。明白了吗?比如,如果巧克力条是 1×5 的,你就把除发霉块之外的都切掉[图 3.3(a)]。而且,只有 1×n 这种形状的巧克力条能一步走到 1×1。"

"那 2×1、3×1 呢?"

"它们和 1×2、1×3 本质上是一样的,我不区分给定形状的两种可能情况。"

"哦。所以我……我看 6×10 的这个。它不是 1×n 的形状。这是不是意味着我输了？还没开始我就输了，你又赢啦？"

"也许吧，但我们还不确定。我们还没往回推得足够远。下一步，任何总是导致必胜局面的局面必然是必败局面。你能想到任何总是导致 $1×n(n>1)$ 形状的局面吗？"

"嗯，我没看出来。"

"$2×2$。"

"为什么？"

"因为唯一可能的招数是把它切成两半[图3.3(b)]，留下 $1×2$。"

"哦，对！"

"目前我没看出其他的必败招数，所以现在我们再找找必胜招数。唯一的再往前一步的必胜招数将是那些一步就能走到 $2×2$ 位置的招数。它们是什么呢？"

"嗯……$2×3$，因为我可以切掉一块 $2×1$[图3.3(c)]。还有 $2×4$、$2×5$……"

"完全正确！一般来说，就是 $2×n$（其中 $n>2$）。然后呢？"

"我们找一个新的必败招数，就是一种始终导向我们已知为必胜局面的招数……我找到了！$3×3$[图3.3(d)]！"

"完全正确。然后我们接着寻找通向它的新必败局面，即 $3×4$、$3×5$……一般来说就是 $3×n$（其中 $n>3$）。"

"我开始看出规律了。"

"我也是。"

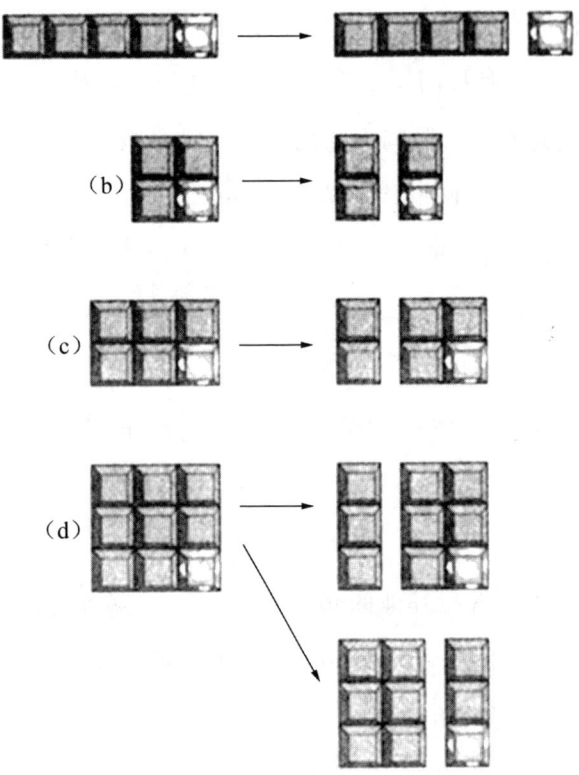

图 3.3　通过逆向推导来重建必胜策略

树神与冒险的生意

问 题

2. 他们看出了什么规律？脏脏能赢得 6×10 的游戏吗？

问　题

3. 在"分而治之"游戏中,玩家从两个盒子开始,每个盒子都装有非零数量的筹码。两人轮流进行游戏,每一轮,游戏玩家要扔掉一个盒子的筹码,并将另一个盒子的筹码在两个盒子之间重新分配,使每个盒子都有非零数量的筹码。当一个玩家"无路可走"时,游戏结束,该玩家输。那么,游戏的哪些局面有必胜策略,哪些局面只有必败策略?

"骰子翻转游戏也可以用同样的方法解决,"彭彭说,"总数(总点数和)为31也没什么特别的,所以我将向你展示如何为任何选定的总数找到必胜策略。"

"如你所见,这个游戏的局面显然是由两个数决定的,即骰子朝上面的点数和当前的总数。但我要改变它们以简化计算过程。

"首先,我将用当前总数与决定输赢的那个数之间的差来代替当前总数。也就是说,玩家离"终点"还有多少个点。如果我们用差值来进行逆向推理会更容易。

"其次,当骰子的1点朝上时,通过一步翻转,可以得到邻近的四个点数,即2、3、4、5。这与6点朝上时情况相同,相对面的移动形成它们之间的一个环带。所以1点朝上的局面实际上与6点朝上的局面相同。2点和5点,或3点和4点也是如此。所以实际上只有三个局面:1或6、2或5、3或4。"

"等等。如果我翻到6点,点数和会增加6,但如果我翻到1点,它只会增加1。"

"啊,你把骰子哪个面翻到朝上,这是你走了'哪一步'、出了什么'招数',而当前哪个面朝上,则是目前的'局面'如何。所以,在分析'局面'时,不需要区分相对的面,而在分析'招数'时却需要。"

"哦。"

"逆向找出必胜招数和必败招数是很难的,因为这很复杂,很容易出错。所以我要给自己做一个小型模拟计算机。"她拿出一把剪刀,剪出三张卡片(即三张"策略卡"),如图3.4(a)所示。然后她在

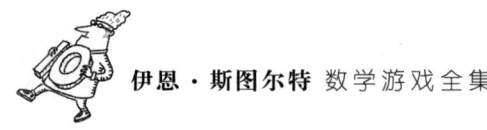

一张纸上画了一个由三列组成的"格子图",如图3.4(b)所示。

"这个格子图代表游戏中的可能局面。竖向的三列表示不同的局面,即朝上的点数分别为1或6、2或5、3或4时;行表示剩余的点数。我用一行L来表示剩余点数为0时的必败局面。"

"那些W是怎么回事?"

"这是一种约定,是为了使计算更为简便。我们约定,如果你面对一个负总数,你肯定赢了,因为前一个玩家肯定已经输了。所以负总数应被视为必胜局面。"

"嗯。"

"看着,你很快就会明白这是有道理的,"彭彭坚定地说,"我还

局面	招数
1或6	
☐　　☐	←
☐	2
☐	3
☐	4
☐	5

局面	招数
2或5	
☐	←
☐	1
☐	3
☐	4
☐	6

局面	招数
3或4	
☐	←
☐	1
☐	2
☐	5
☐	6

(a)

(接下页)

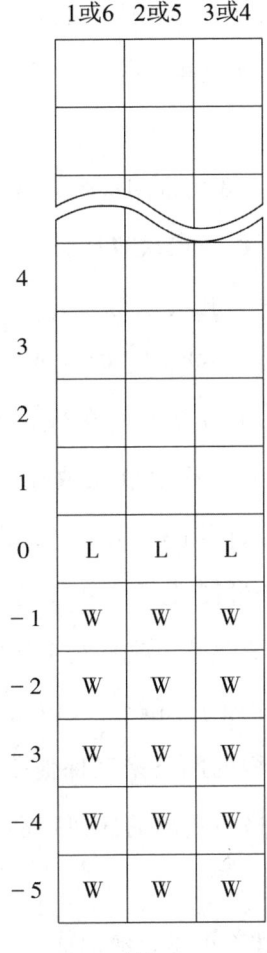

(b)

图 3.4

(a) 三张策略卡,在小方块的位置挖孔;(b) 格子图的初始状态

没解释卡片呢！我们需要另外制作三张策略卡,即对于每个可能的朝上的点数 1 或 6、2 或 5、3 或 4 都制作一张策略卡。以 1 或 6 的策略卡为例,1 或 6 正下方的孔是用来在格子图上写字的。其他四个孔

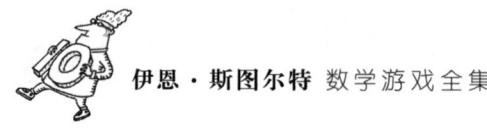

显示了四种可能的走法,即2、3、4或5如何改变剩余总数。看,如果你选2,那么总数减少2,所以相应的孔向下两行,以此类推。"

"我想我明白了。"

彭彭继续说了下去:"我可以用这些策略卡进行逆向推理。为了找出给定行中的必胜招数,我依次将三张策略卡放在之前做好的格子图上,使箭头指示的书写孔与该行对齐。如果其他孔中都没有L出现,这意味着我能走的每一步都通向一个必胜招数。根据定义,这就是一个必败招数,所以我在箭头所在行的孔中写一个L。另一方面,如果出现L,那么我有一个必胜招数,所以我写下相应的动作。看,我将向你展示如何得到第1行和第2行(图3.5)。

"只要不断重复这个过程,你可以稳步向上推到越来越高的总数(图3.6)。现在你找到了必胜策略!对于给定的剩余点数和,以及最上面的点数,你查看相应的行和列。如果条目是L,你输给了一个完美玩家——他会用同样的网格来确保他获胜!如果条目不是L,那么你可以进行该单元格中列出的任何移动,因为你知道它们都是必胜招数。

"还有最后一个复杂之处你必须记住。第一步开始的局面是任意的。例如,从总数31开始,我可以列出以下局面。"彭彭迅速画出一个表格(见表3.1),"你可以用表格来计算哪些招数是胜,哪些是败。

	局面	招数
6		
5		
4		
3		
2	1或6	
1	L	←
0		
-1	W	2
-2	W	3
-3	W	4
-4	W	5
-5		

	局面	招数
6		
5		
4		
3		
2	2或5	
1	1	←
0	L	1
-1		
-2	W	3
-3	W	4
-4		
-5	W	6

	局面	招数
6		
5		
4		
3		
2	3或4	
1	1	←
0	L	1
-1	W	2
-2		
-3		
-4	W	5
-5	W	6

(a)

(接下页)

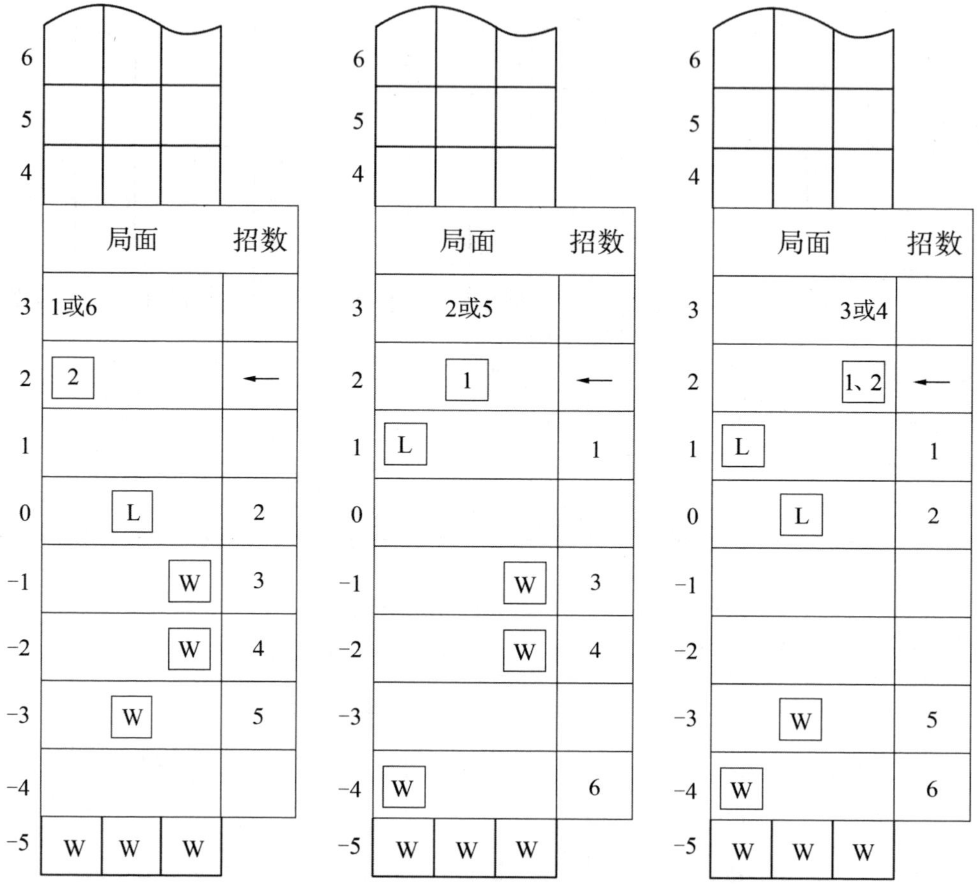

图 3.5　如何确定在第 1 行和第 2 行应采用哪种策略

(a) 将代表位置 1 或 6 的策略卡叠放在表格上方,使箭头处于数字 1 所在的行,然后查看下方的孔。每个孔都显示一个"W",所以该位置是必败的:在箭头指向的孔中写上"L"。用策略卡 2 或 5 重复上述操作。这次在与"招数 1"(即通过翻转骰子,使 1 点朝上)相对的孔中有一个"L",所以招数 1 是必胜招数:在箭头指向的孔中写上"1"。最后用策略卡 3 或 4 重复操作:同样,"招数 1"是必胜招数;(b) 现在转到格子图中数字 2 所在的行(即将策略卡往上推一行),以此类推,按你希望的那样沿着格子图逐渐向上操作下去

	朝上的面		
	1或6	2或5	3或4
31	4	4	L
30	3、4	3、4	L
29	2、3	3	2
28	5	1	1、5
27	L	L	L
26	4	4	L
25	2、3、4	3、4	2
24	3	3、6	6
23	5	L	5
22	4	4	L
21	3、4	3、4	L
20	2、3	3	2
19	5	1	1、5
18	L	L	L
17	4	4	L
16	2、3、4	3、4	2
15	3	3、6	6
14	5	L	5
13	4	4	L
12	3、4	3、4	L
11	2、3	3	2
10	5	1	1、5
9	L	L	L
8	4	4	L
7	2、3、4	3、4、6	2、6
6	3	3、6	6
5	5	L	5
4	4	4	L
3	3	3	L
2	2	1	1、2
1	L	1	1
0	L	L	L
−1	W	W	W
−2	W	W	W
−3	W	W	W
−4	W	W	W
−5	W	W	W

图 3.6
该游戏以31或以下为总分时的策略表格(即按上述步骤填写完整的格子图)

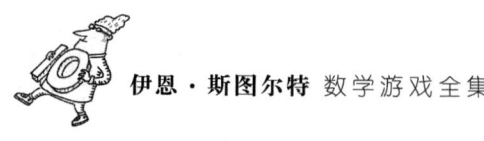

表 3.1 第一步开始的局面类型

第一步	朝上的点数	剩余点数	局面类型
1	1 或 6	30	W(选 3 或 4)
2	2 或 5	29	W(选 3)
3	3 或 4	28	W(选 1 或 5)
4	3 或 4	27	L
5	2 或 5	26	W(选 4)
6	1 或 6	25	W(选 2,3 或 4)

"但有一个捷径可以省去所有这些操作。只需在格子图中找到数字 31 所在的行,并在所有三列中查找可能的招数。看,你可以选择第一步让哪个点数朝上,它不是由现有位置决定的。实际上,在数字 31 所在的行中,三种局面对应的招数是 4、4、L。其中唯一的必胜招数是 4。这也与我刚刚给你展示的表格一致。

"我们玩的时候,总数是 31,我先走。当然,作为一个完美的逻辑学家,我立刻算出了我到目前为止给你展示的一切,包括策略表格,所以我知道我必须使骰子翻转到 4。于是,剩余点数为 27。你走的招数是 5,将剩余点数变为 22。从图 3.6 中可以看出,剩余点数为 22 且朝上的点数为 2 或 5 是一个必胜局面,其对应的必胜招数是把骰子翻到 4。我当然也是这么做的。下面你翻的是 2,我面对的剩余点数为 16 且朝上的点数为 2 或 5。现在翻到 3 或 4 都是必胜招数:我翻了 3。你又翻了 6,导致剩余点数为 7 且朝上的点数为 1 或 6。这一回,翻动 2、3 或 4 都是必胜招数,我又翻了 3。你无法翻到 4 而取胜,所以你选择翻到 1。然后我用了我的最后一个必胜招数,翻了另一个3,你就输了。"

"狡猾。但如果游戏的输赢设定是一个很大的数,那你就需要记住一个相当长的策略表格!"

"不完全是。从17往后的结果只是重复从8往后发生的事情。必胜招数和必败招数的每9行规律性地重复一次,从第8行开始。所有总数为31的策略与总数为31-9=22或22-9=13等的策略相同。同样,总数为1012的策略与1012-9×(111)=13的策略相同。你只需要记住表格的前17行。"

"太神奇了,"脏脏说,"我连第一行都很难记住,更不用说前17行了。"

"数学家会说这个规律是周期性的,由总数对9取模决定,"彭彭说,"对9取模也就是除以9的余数。前几行因为末端效应打破了规律模式,所以如果数字本身大于8,那么你要看8—16行的范围。例如,'终点'为10的策略与'终点'为1的不同,但'终点'为19的策略与'终点'为10的相同。

"所以你要这样做:

● 如果设定的'终点'是8或更小的数,就不改变这个数。

● 如果设定的'终点'是9或者更大的数,则求出这个数的各位数字之和,如果各位数字之和仍大于9,则继续这个过程,直到得到一个个位数字[①]。这与除以9的余数相同,只是用9代替0。

---

① 其原理被称为"弃九法",即:在十进制数中,一个数除以9的余数等于这个数各位数字之和除以9的余数。——译者注

- 如果得到的个位数字是 8 或 9,就保持不变。
- 否则,加 9。

现在你知道要用哪一行来确定策略了。

"例如,让我们以初始总数 1012 为例。它当然大于 8。各位数字之和是 1+0+1+2=4。这不是 8 或 9,所以你加 9 得到 13。所以总数为 1012 的必胜策略在格子图的第 13 行,正如我已经告诉你的那样。"

"哇!"

"看到递归有多强大了吧?对于任何初始总数,它解决了整个问题。与巧克力游戏不同,完美策略作为一个整体更难掌握。我认为你不可能事先猜到它。"

"你说得对,彭彭。"

树神与冒险的生意

问　题

4. 如果用一个正四面体骰子（编号为 1—4），玩这个终点为 31 的游戏，你能设计出一套合适的卡片，并算出必胜策略吗？请记住，正四面体骰子没有朝上的面，因此，我们每一轮用朝下的点数来累加总数。

在玩《龙与地下城》时，我用到了一个十二面体骰子，这枚骰子的编号颇为随意，如图 3.7 所示。对于这个骰子的策略分析，我不建议使用策略卡，但用计算机编程进行分析却并不难。根据上述一般结果，策略表格最终会呈现出周期性。结果表明周期是 26，但直到第 1011 行才开始出现周期性，即从第 1011 行起重复第 985 行及以后的内容。

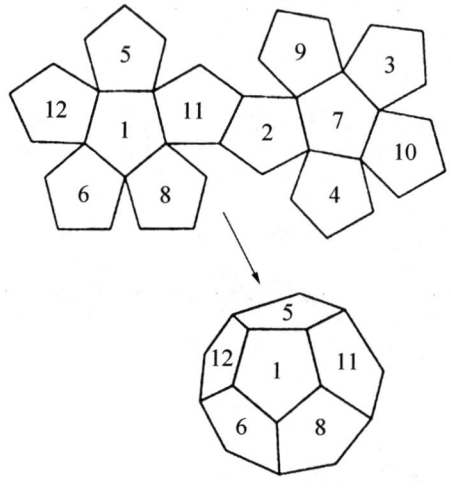

图 3.7　一个十二面体的骰子
相应的表格有 12 列，从第 1011 行开始，策略每 26 行重复一次

问　题

5. 对于这类带编号的骰子被反复翻转以改变总数的游戏,是否总是存在有规律的必胜策略模式的重复呢?

答　案

1. (1) 以 31 为"终点",骰子有 6 个面,可能的位置总数最多为 32×6 = 192(取 32 是因为 0 是起始数)。因此,规则 1 成立。由于点数和在每一轮都增加,游戏最多需要 32 步,实际上,它必须更少,因为你不可能每次都把 1 点翻到上面。按照 1、2、1、2、1……1、2、1 的顺序翻转的话,我们可以算出这个游戏至多可以走 21 步。无论如何,规则 2 成立。规则 3、规则 4 显然也成立。

(2) 国际象棋能够以和棋结束,所以规则 3 不成立。规则 4 也不成立(这就是为什么国际象棋谜题会告诉你下一步谁走的原因)。然而,如果我们将"局面"重新定义为一对 (P,Q),其中 P 表示棋盘上棋子的布局,Q 为指定谁走,那么可以满足规则 4。规则 1 是满足的:有 32 个棋子要放在 64 个方格上或棋盘外,最多有 32^{65} 个位置,大约是 $6.835×10^{97}$ 个局面。规则 2 不一定满足:原则上,游戏可以一直走下去(例如,只要有合适的空位,两个国王在两个方格之间不停地来回走动,这样就不会"在有限步内结束")。然而,国际象棋的一条规则规定,任何一方都可以——但不是必须——在相同位置出现三次时要求和棋。假设在这条规则下总是要求和棋,可能的最长游戏最多需要 $334^{12\,600}$ 步。

2. 发霉巧克力游戏中的必败局面是"正方形"形状 $1\times 1, 2\times 2, \cdots, n\times n$,必胜局面是所有其他形状,即"长方形"形状。事实上,你可以直接看到这一点。任何矩形都可以通过一次切割变成一个正方形(从任何必胜局面我们都可以产生一个必败局面);但无论你对一个正方形做什么,它最终都会变成矩形(从任何必败局面往后的每一步都会产生一个必胜局面)。

所以脏脏应该从一个必胜招数开始。他的第一步应该是切掉一块 4×6,留下 6×6。此后,无论彭彭做什么,脏脏都可以再次给她留下一个正方形的巧克力块,迫使她最终得到发霉的那一格。

3. 我从谢菲尔德大学的奥斯汀(Keith Austin)那里学到了"分而治之"游戏的策略。这个游戏的局面由两个非零数字(m,n)决定,对应于一个盒子中的m个筹码和另一个盒子中的n个筹码。必胜局面是那些m、n中至少有一个是偶数的局面。必败局面则是那些m和n都是奇数的局面。

让我们检查一下。从一个必胜局面开始,其中至少有一个偶数,并进行如下操作:将那个偶数拆开后在两个盒子之间分配,使每个盒子都有奇数个筹码。例如,如果n是偶数,将其分成 1 和$n-1$,两者都是奇数。扔掉另一个盒子中的筹码,这就产生了一个两个数字都是奇数的必败局面。

给定一个必败局面,其中两个数字都是奇数,那么无论哪个数字被分割,都必然是在分割奇数。当一个奇数被分成两部分时,必须一个是奇数,另一个是偶数(奇数+偶数=奇数)。因此,对手又会得到一个必胜局面。

4. 一个正四面体骰子的一组可能的卡片如图 3.8 所示,由此产生的策略如图 3.9 所示。请注意,从第 10 行开始模式会重复,如箭头所示。

局面	招数
1	
☐	←
☐	2
☐	3
	4

局面	招数
2	
☐	←
☐	1
☐	3
☐	4

局面	招数
3	
☐	←
☐	1
☐	2
☐	4

局面	招数
4	
☐	←
☐	1
☐	2
☐	3

图 3.8 掷正四面体骰子的策略卡

剩余点数	朝下的面 1	2	3	4
11	L	1	1	1
10	L	L	L	L
9	2、4	4	2、4	2
8	3、4	3、4	4	3
7	2	L	2	2
6	3	1、3	1	1、3
5	L	L	L	L
4	4	4	4	L
3	3	3	L	3
2	2	1	1、2	1、2
1	L	1	1	1
0	L	L	L	L
-1	W	W	W	W
-2	W	W	W	W
-3	W	W	W	W
-4	W	W	W	W
-5	W	W	W	W

图 3.9 正四面体骰子的格子图，每 10 行重复

5. 这类给多面体的各面编号并每轮翻动它，以产生一个累计点数和的游戏，是否都会出现重复性规律呢？答案是肯定的，只要任何面上的最

大数字是 n。如果策略表中 n 个连续行的一个块重复出现,此后整个表就会变成周期性的。(策略卡有 n 行可查看,所以它会"忘记"超过 n 步之前的任何事情)。这样的块的数量是有限的(但可能相当大),所以重复是不可避免的。

第 4 章
曲线的热力学

树神与冒险的生意

"向右 4.57°,亲爱的……很好……左手降一点……太棒了,非常好,妙极了……向左 11.62°,保持住,进展非常顺利!"

斯塔夫,这位刚升职的厄普沃德-勒-莫比尔集镇的土地测量员,痛苦地用手拍打着脑袋。他早就告诉过城市建筑师,不要聘请沃索格来设计大型超市停车场的路标。这里需要的是简单的直线网格。但沃索格根本不听劝,毕竟他最为人知的成就似乎是创造了真人大小的垃圾桶雕像——把真正的垃圾桶粘在混凝土基座上做成的。沃索格的批评者认为他的作品是垃圾,但城市建筑师是从垃圾回收服务部门一步步升上来的,他觉得沃索格是个天才。

说真的,在停车场表面用黄色热塑性塑料勾勒出的设计确实引人注目:一个由螺旋线和涡卷线组成的复杂图案(图 4.1),蜿蜒曲折,但又并非毫无规律。斯塔夫记得曾和沃索格就这个设计争论过。"直线,沃索格,这才是我们需要的。用你的逻辑思考一下吧!别搞那些花里胡哨的东西。"对此沃索格回答道:"哦,但直线太——嗯,太线性了。"而城市建筑师站在了沃索格那边——斯塔夫认为他是希望借此赢得一个建筑设计奖,在他看来,那些奖总是颁给想法天马行空,但实际徒有其表、华而不实的设计。"我想设计一些更有深度的东西。"沃索格总结道。

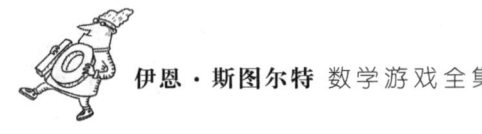

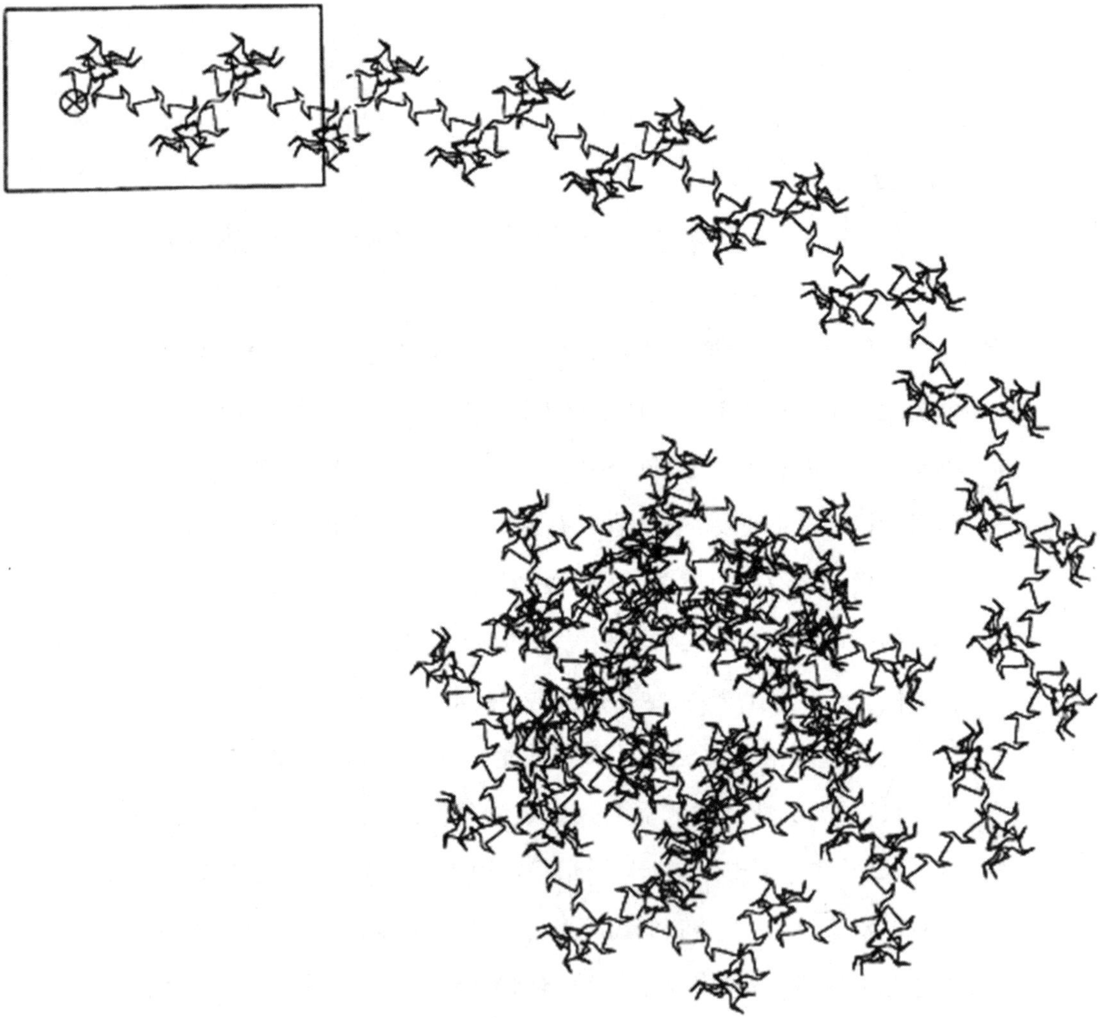

图4.1 沃索格曲线,方块所示区域的放大图见图4.9

斯塔夫一直认为沃索格的设计"流于形式""浮于表面",他也这样说了。但沃索格不仅反过来指责斯塔夫是一个无知的懒虫,而且还反驳他说"面"的定义是"具有大于一维的尺寸"。斯塔夫反问他:"一条曲线怎么会有大于 1 的维度呢?"他被告知,由于门德斯–弗朗斯(Michel Mendes-France)富有想象力的研究,曲线不仅可以有大于 1 的维度,而且还可以有熵、温度、体积和压力。

门德斯–弗朗斯用一个与热力学的类比定义了这些量。我们先从维度说起,这是最简单的。如今这个年代,分形研究大行其道,"维度不是整数"的观点也不怎么惊世骇俗。而且,"一条足够弯曲的曲线"被认为比"相对线性"的曲线具有更大的维度,这也颇为合理。门德斯–弗朗斯和德金(Michel Dekking)找到了一种合理的方法来呈现这一点,如图 4.2 所示。他们的概念与常用于研究分形的豪斯多夫–贝西科维奇维度并不相同。

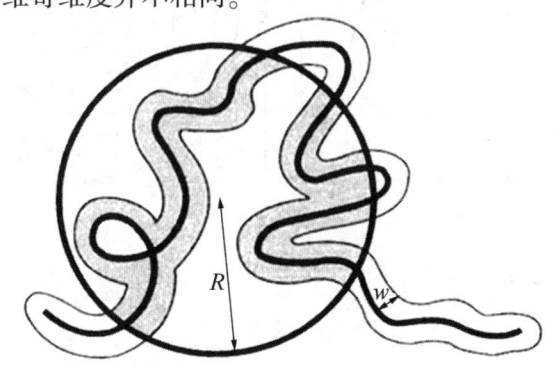

图 4.2 门德斯–弗朗斯的曲线维度定义
用宽度为 w 的区域包围曲线,设 A 为该区域位于半径为 R 的圆内的面积。当 R 趋近于无穷大,w 趋近于 0 时,$\dfrac{\ln A}{\ln R}$ 的极限值如果存在,则此极限值即为曲线维度

正如沃索格向斯塔夫解释的那样，如果曲线的维度是1，就称其为"线"；如果维度大于1，则称其为"面"。例如，对数螺线[图4.3(a)]是"线"，而阿基米德螺线[图4.3(b)]是"面"。德金和门德斯-弗朗斯找到了无数"面曲线"的例子，它们被构造为无限多边形。我来解释一下他们的构造方法。我们首先注意到，每个实数 x 在平面中都能构造出一个确定的、唯一的方向，即与水平方向成 $2\pi x$ 弧度（$360x$ 度）的角度。x 的取值范围为 0 到 1 时，即可涵盖整个平面的任意方向；此外，给 x 加上一个整数会得到相同的方向。也就是说，方向只取决于 x 的小数部分 $\{x\}$，也可表示为 $x(\bmod\ 1)$。

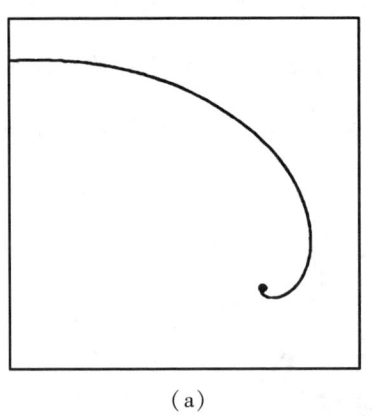
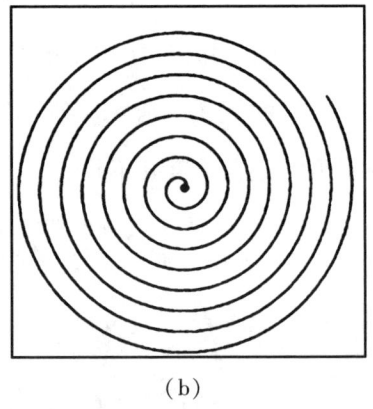

(a)　　　　　　　　(b)

图 4.3

(a) 对数螺线，其在极坐标下的方程为 $r=e^{\theta}$，维度为 1；(b) 阿基米德螺线，其在极坐标下的方程为 $r=\theta$，维度大于 1

"现在，斯塔夫，老伙计，"沃索格亲切地说，"选择你最喜欢的数列 $x_0, x_1, x_2, \cdots$，例如，你可以设 $x_n = \sin(\sqrt{n})$，这样一来，这个数列就是：

$$0, 0.0174, 0.0246, 0.0302, \cdots$$

然后你可以按照以下步骤构造一个多边形曲线 $\Gamma(x)$。

"从一个选定的起点出发,在对应于 x_0 的方向画一条固定长度的线。从这条线的终点出发,在对应于 x_1 的方向画一条相同长度的线。接着从这里出发,在对应于 x_2 的方向画一条相同长度的线,以此类推,贯穿整个无穷数列。"

对于上述数列,这会产生与水平方向成下列角度的相继方向:

$$0 \times 360° = 0°$$
$$0.0174 \times 360° = 6.264°$$
$$0.0246 \times 360° = 8.856°$$
$$0.0302 \times 360° = 10.872°$$

图 4.4(a)画出了多边形曲线的起始部分,图 4.4(b)则将其放到较小尺度上,因而显示了更长一段曲线。很明显,这条特定的曲线向右蜿蜒,呈现出越来越大的双环样式。这些环增长缓慢且相互分离,所以曲线是线而不是表面。每个序列 $x = x_n$ 都会产生一条不同的曲线 $\Gamma(x)$,如图 4.5 所示。沃索格在超市停车场绘制的就是这样一种曲线。

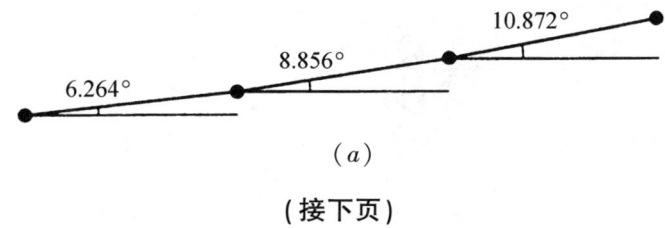

(a)

(接下页)

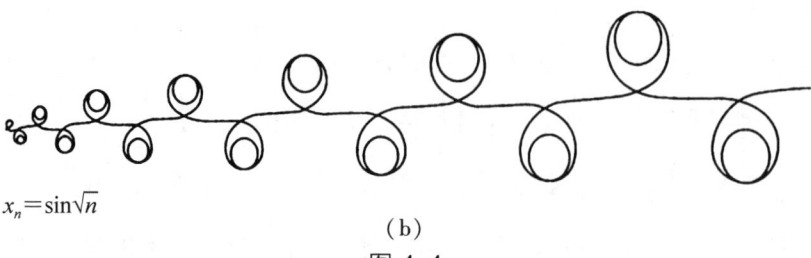

$x_n = \sin\sqrt{n}$

(b)

图 4.4

(a) 构建 $\Gamma(\sin\sqrt{n})$ 的前三步;(b) 构建了数百步后的 $\Gamma(\sin\sqrt{n})$

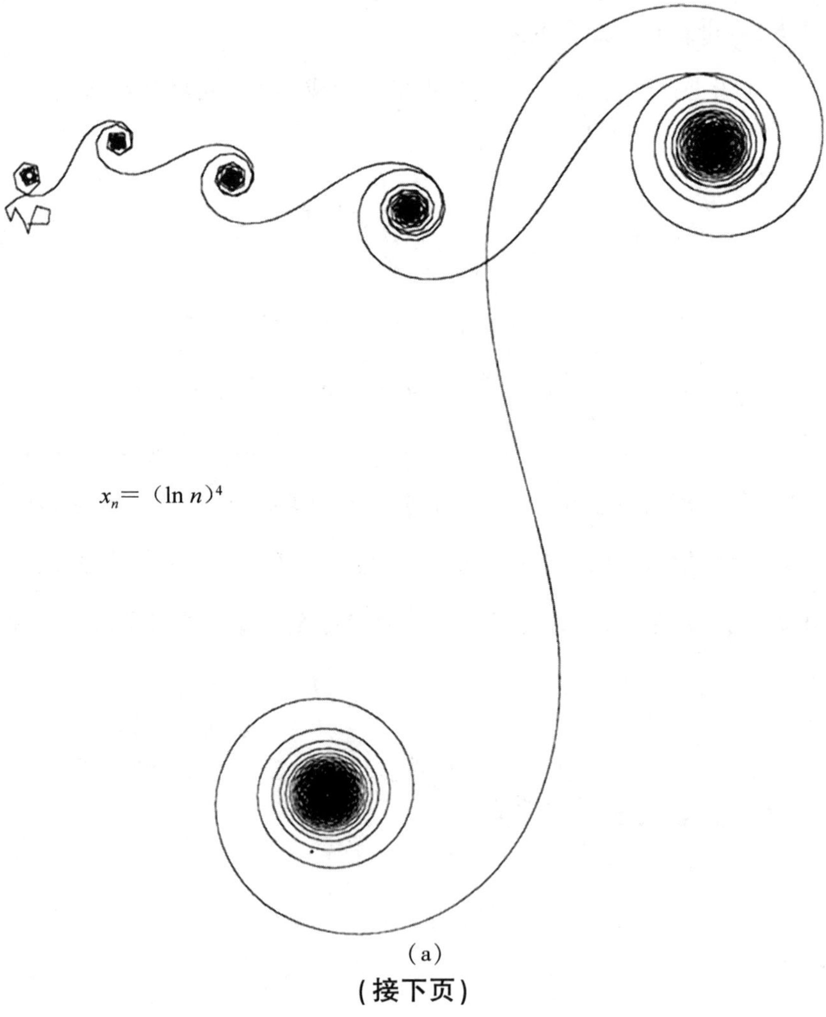

$x_n = (\ln n)^4$

(a)

(接下页)

树神与冒险的生意

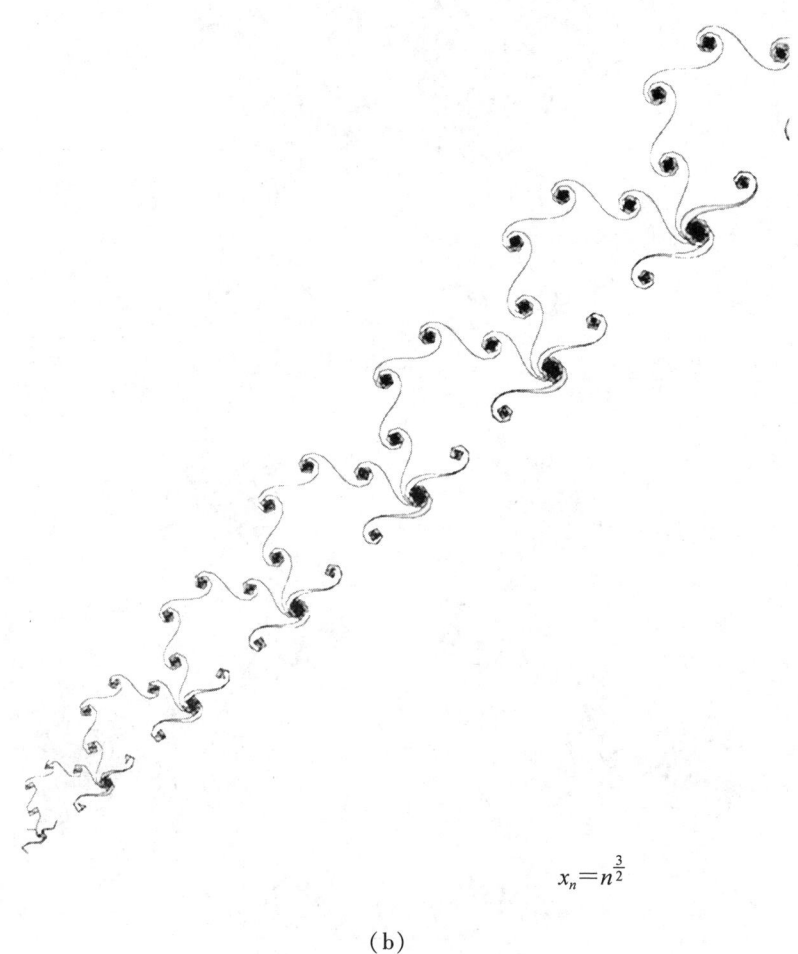

$x_n = n^{\frac{3}{2}}$

(b)

(接下页)

$$x_n = \frac{n^3}{1013}$$

(c)

$$x_n = \frac{n^3}{1002}$$

(d)

图 4.5 通过门德斯-弗朗斯的方法可以构建出的图案
(a) 尼斯湖水怪;(b) 拱门;(c) 公牛;(d) 斗牛场

这章没有问题环节。但如果你有个人电脑,可以效仿沃索格自己绘制涡卷线(我建议你在纸上画,只有在获得官方许可后才能在停车场上画)。

在标题为"绘制 $\Gamma(x)$ 的算法"的知识栏中,我们以伪代码的形式展示了一个可行算法。你可以手动实现(工作量很大)或用计算机实现,并选择你自己的序列。

绘制 $\Gamma(x)$ 的算法

假设 x_n 是通过一个公式或一个单独的子程序来确定的。选择一个起始点 (sx, sy) 和一个比例因子 sf,这取决于你的图形系统。使用 plot 命令根据指定的坐标绘制一个点,并用线连接两个点。算法如下:

plot(sx, sy)

$x = sx, y = sy$

repeat for $n = 0, 1, 2, \ldots,$ finishing value:

$x_1 = x + s \cdot \cos(2\pi x_n) : y_1 = y + s \cdot \sin(2\pi x_n)$

line(x, y) to (x_1, y_1)

$x = x_1, y = y_1$

end repeat

德金和门德斯-弗朗斯已经对那些产生表面曲线的序列 x 进行

了描述。准确地说,他们证明了当且仅当对所有正整数 m,对应的所有曲线 $\Gamma(mx)$ 都是表面时,数列 x 满足对模1的均匀分布。序列 mx 是这样的:$mx_0, mx_1, mx_2, \cdots$。如果一个数列对应的方向在一个圆周上均匀分布,那么它满足对模1的均匀分布。换句话说,从这个数列中随机选择一个项 x_n 指向任何给定的方向的概率对所有方向都是相同的。这是一个重要的数论性质,它将数论与非常有趣的几何理念联系在一起。这个结论是双向的:知道该数列是均匀分布的,即证明了曲线是表面;知道曲线是表面,即证明了该数列是均匀分布的。(警告:通常情况下,这两点都不容易被证明!)

曲线 $\Gamma(x)$ 的热力学有些复杂,因此我们将在下一个知识栏中进行介绍。你可以跳过该知识栏。特别是可以将其中的思想应用于由序列 $x = (x_n)$ 形成的曲线 $\Gamma(x)$,并研究序列的热力学性质。

曲线的热力学

热力学是对气体统计性质的研究,它涉及传统定义的量,如温度 T、压力 P、体积 V 和熵 S。气体的玻意耳定律表明 $PV = RT$,其中 R 是一个常数;它在高温 T 时成立。我们试图将这些概念应用到曲线中。

设 Γ 是一条有限长度的曲线。考虑平面上的任意直线 k:它与 Γ 相交于有限个点 n_k(除非在极特殊情况下,Γ 包含一个恰好位于直线 k 上的直线段)。这里的 n 是指相交点的个数。我们可以说,k 在状态 n_k 中找到 Γ。在热力学中,系统的熵被定义为

$$-(p_1 \ln p_1 + p_2 \ln p_2 + \cdots)$$

其中，p_n 是系统处于状态 n 的概率。对于曲线，我们将 p_n 定义为随机选择的直线 k 在状态 n 中找到 Γ 的概率，即 $n_k = n$ 的概率为 p_n。为了使这个定义有意义，我们需要在所有直线 k 的空间上定义合适的概率。如下所示是斯坦因豪斯（Hugo Steinhaus）得出的结果，一个曲线熵的明确公式：设 Γ 的长度为 l，其凸包（包含它的最小凸曲线：想象用一根橡皮筋环绕它并让橡皮筋尽可能收缩）的长度为 h，那么曲线 Γ 的熵可以表示为

$$S = \ln \frac{2l}{h} + \frac{\beta}{e^\beta - 1}$$

其中，

$$\beta = \ln \frac{2l}{2l - h}$$

无论这个类比是否合理，数量 S 是曲线 Γ 的一个明确定义的属性，因此我们现在将这个公式作为熵的定义。在传统热力学中，温度 T 被定义为量 β 的倒数，因此我们有

$$T = \left(\ln \frac{2l}{2l - h} \right)^{-1}$$

进一步类比，我们定义曲线的体积 V 为其长度，即 $V = l$，并定义压强 P 为 $P = h^{-1}$。

这些定义在几何上很有吸引力：气体的体积（三维测度）被曲线的长度（一维测度）所取代；而凸包越小，曲线就必须被压缩得更紧，才能放入其中，所以压力就越高！从这些定义中，与这些量相关

的"气体定律"为

$$2PV = \left(1 - e^{-\frac{1}{T}}\right)^{-1}$$

对于高温 T,可得 $PV = \dfrac{T}{2}$。这是曲线的类似于玻意耳定律的式子,气体参数 $R = \dfrac{1}{2}$。

对于无限长的曲线,类似的量是根据曲线的有限段的极限来定义的。特别地,这样一条曲线 Γ 的熵被定义为

$$\lim_{r \to \infty} \frac{\ln \dfrac{2l_r}{h_r}}{\ln r}$$

其中 l_r 是 Γ 的有限部分 Γ_r 的长度,而 h_r 是其凸包的长度。

这个类比产生了有趣的结果。曲线的熵总是正的,并且当且仅当曲线是直线时为零。由 d 次多项式定义的代数曲线的熵至多为 $1 + \ln d$。因此,熵似乎是曲线复杂性的一个自然度量。这也有道理:在信息论中,如上定义的熵对应指定曲线所需的信息量(注意:这里存在符号约定的问题,对于一些作者来说,熵是负信息)。因此,曲线的熵或复杂性可以宽松地解释为指定它所需的信息量。

由上述方程可知,当且仅当曲线的温度 T 为零时,曲线是直线,即只在绝对零度时,存在直线。温度越高,曲线越弯。

当然,这些类比只是非常近似,而任何严肃的研究都必须使用精确的定义!

斯塔夫有了一个相当孤注一掷的想法。一条温度为零的曲线必定是直线。"嘿,沃索格!我来告诉你为什么应该用直线!它们可是超酷的曲线,伙计!"不幸的是,沃索格对这种过时的俚语毫无兴趣,反而用一个挑战作为回应。"你说过我应该对这个项目讲逻辑,斯塔夫。好吧,那你也讲讲逻辑。我打赌你猜不出我用了什么序列来构造这条曲线。如果我对了,你就别再像个胆小鬼。如果我错了,我就把它撕掉,重新画一个漂亮的直线图案!"

"别闹了,沃索格!有无穷多种可能性!我根本没机会赢!"

"好吧,我给你一个提示。它是由 $x_n = an^2$ 给出的序列 $\Gamma(an^2)$ 之一,其中 a 是一个参数。你要做的就是计算出这个参数!"这个特定的序列族与数论有深刻的联系(正如我们将看到的),所以相关曲线的几何形状应该很有趣(事实也确实如此)。

"但仍然有无穷多个……"斯塔夫刚开口,就停了下来。这是一个真正的机会——他唯一的机会——来阻止沃索格毁掉整个停车场。虽然机会渺茫——这个问题仍然相当困难——但毕竟是个机会。斯塔夫的大脑飞速运转。沃索格的挑战之所以困难,是因为不同的常数值会产生多种多样的曲线(图4.6)(目前先忽略图中对"重整化水平"的引用,下面会解释)。

当面对复杂的可能性时,最好的方法是从简单的情况开始,看是否会产生什么通用原则。最简单的情况是当 a 为一个整数 N 的倒数 $\frac{1}{N}$ 时,相应的曲线 $\Gamma\left(\frac{n^2}{N}\right)$ 具有非常简单的螺旋结构(图4.7),与光

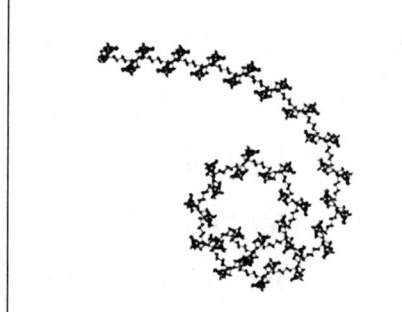

Γ_{2500} (an^2) $a=0.141\,593$
重整化水平：0　　比例因子：20

$R_{\frac{\pi}{4}}\Gamma_{2500}$ (an^2) $a=0.234\,372$
重整化水平：1　比例因子：$20\times1.879\,16$

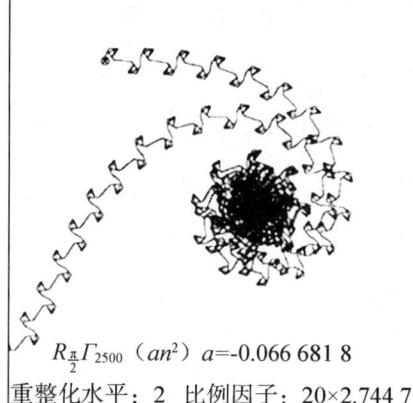

$R_{\frac{\pi}{2}}\Gamma_{2500}$ (an^2) $a=-0.066\,681\,8$
重整化水平：2　比例因子：$20\times2.744\,71$

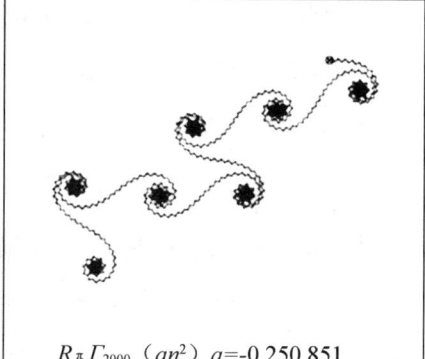

$R_{\frac{\pi}{4}}\Gamma_{2000}$ (an^2) $a=-0.250\,851$
重整化水平：3　比例因子：$4\times7.515\,86$

Γ_{4000} (an^2) $a=-0.003\,393\,72$
重整化水平：4　比例因子：1.5×10.611

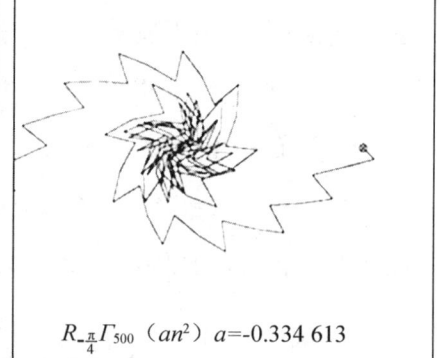

$R_{-\frac{\pi}{4}}\Gamma_{500}$ (an^2) $a=-0.334\,613$
重整化水平：5　比例因子：1.5×128.796

（接下页）

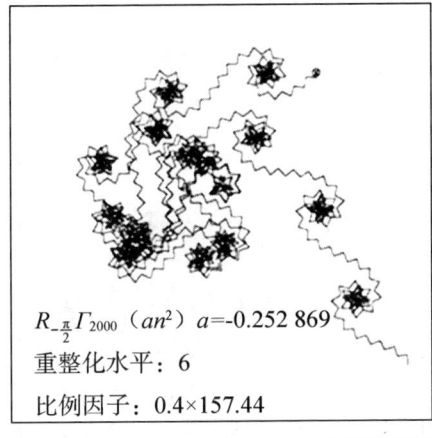

$R_{-\frac{\pi}{2}}\Gamma_{2000}(an^2)$ $a=-0.252\,869$

重整化水平：6

比例因子：0.4×157.44

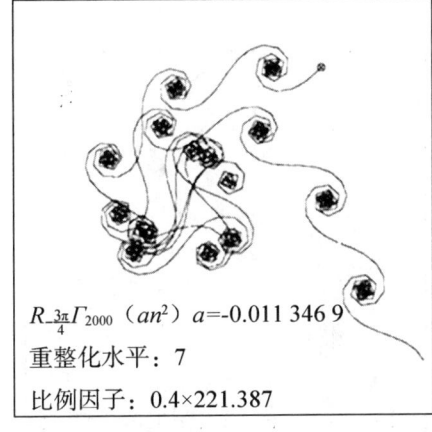

$R_{-\frac{3\pi}{4}}\Gamma_{2000}(an^2)$ $a=-0.011\,346\,9$

重整化水平：7

比例因子：0.4×221.387

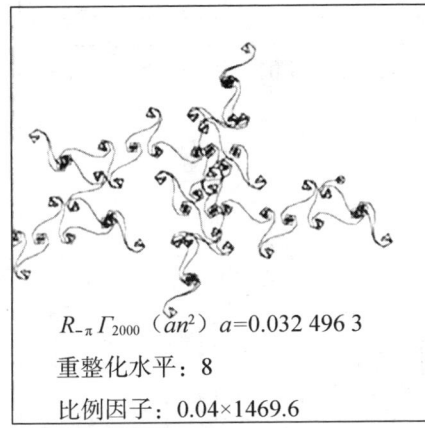

$R_{-\pi}\Gamma_{2000}(an^2)$ $a=0.032\,496\,3$

重整化水平：8

比例因子：0.04×1469.6

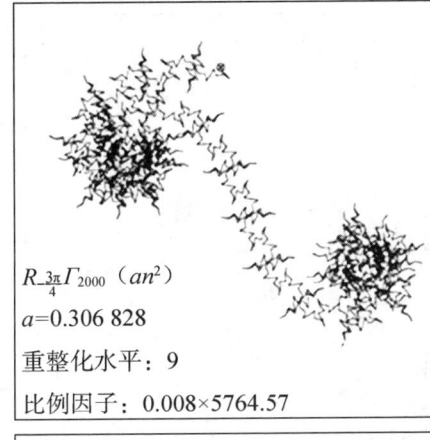

$R_{-\frac{3\pi}{4}}\Gamma_{2000}(an^2)$

$a=0.306\,828$

重整化水平：9

比例因子：0.008×5764.57

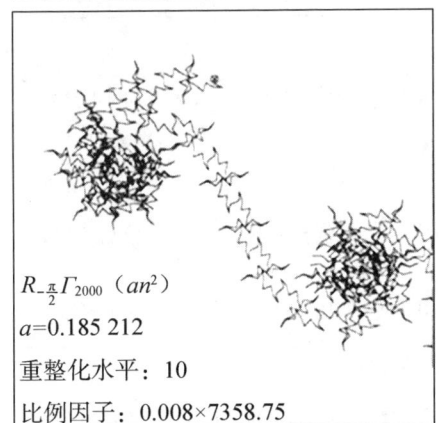

$R_{-\frac{\pi}{2}}\Gamma_{2000}(an^2)$

$a=0.185\,212$

重整化水平：10

比例因子：0.008×7358.75

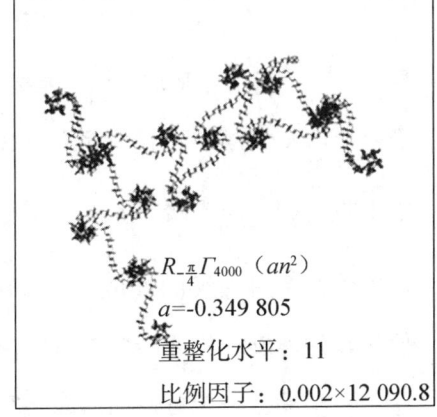

$R_{-\frac{\pi}{4}}\Gamma_{4000}(an^2)$

$a=-0.349\,805$

重整化水平：11

比例因子：0.002×12 090.8

图 4.6　12 条形式为 $\Gamma(an^2)$ 的曲线

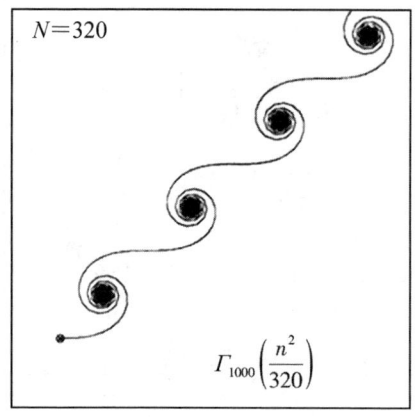
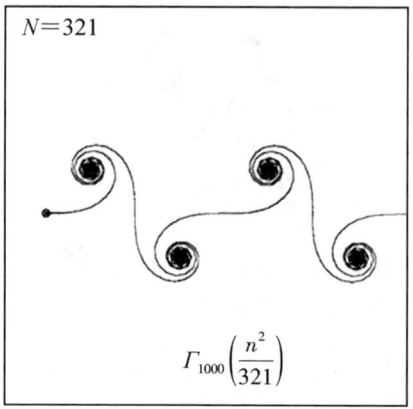
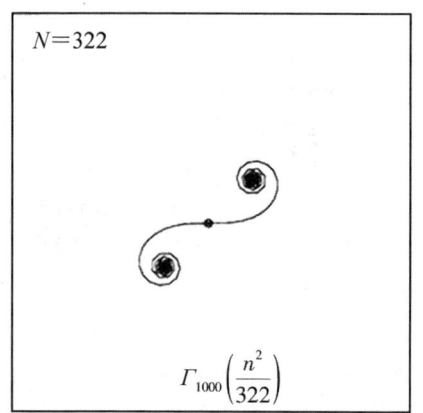
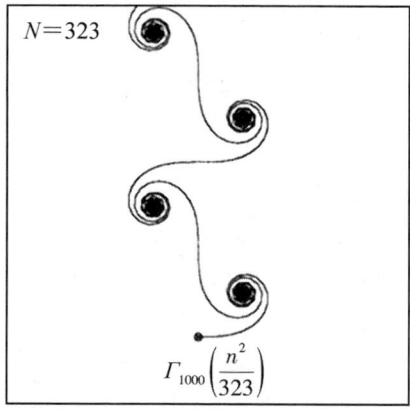

图 4.7

展示了 $\Gamma\left(\dfrac{n^2}{N}\right)$ 曲线形成的考纽螺线,对称性取决于 $n(\bmod 4)$,这里展示了四种代表性的情况,比例因子为 60

学中重要的考纽螺线非常相似。这并非偶然:绘制 $\Gamma\left(\dfrac{n^2}{N}\right)$ 的过程可以看作对考纽螺线的离散近似。a 的其他值会产生更复杂的曲线,但重复的螺旋结构或卷曲总是突出的特征。

停车场是一个弯弯曲曲的迷宫。它们有可能提供一些线索吗?

斯塔夫必须弄清楚是什么导致了这些卷曲。考虑特殊情况 $a = \frac{1}{N}$，其中 N 是一个相当大的整数。考虑第 n 个相位差，即多边形 $\Gamma\left(\frac{n^2}{N}\right)$ 中第 n 个和第 $(n+1)$ 个线段方向之间的角度。以弧度为单位，这个角度等于 $\frac{[(n+1)^2 - n^2] 2\pi}{N} = \frac{(2n+1) 2\pi}{N}$。当 n 较小时，相位差也较小，所以线段指向几乎相同的方向，产生一条平缓的曲线。当相位差大于 $\frac{\pi}{2}$（直角）时，线段相互折叠，填充成一个斑点。当 n 接近 $\frac{N}{4}$ 时，每个线段几乎反转其前一个线段的方向。当 n 增加超过 $\frac{N}{4}$ 时，卷曲开始再次展开，当 n 达到 $\frac{N}{2}$ 时它伸直，然后开始形成另一个卷曲。经过 N 步后，模式重复。有四种情况，取决于 $N(\bmod 4)$ 的值，即 N 是否为 $4m$、$4m+1$、$4m+2$ 或 $4m+3$，这再次在图 4.7 中体现。

对这种现象的解释来自高斯和的理论。一个完整的高斯和，其复数形式可以简洁地表示为

$$\sum_{n=0}^{N} e^{2\pi i \frac{n^2}{N}} \tag{1}$$

其中 $\sum$ 表示求和，$i = \sqrt{-1}$。其值已知为

$$2[1 + (-i)^N] \frac{1+i}{4} \sqrt{N} \tag{2}$$

我们可以将绘制曲线 $\Gamma\left(\frac{n^2}{N}\right)$ 的平面视为复平面，然后我们会发

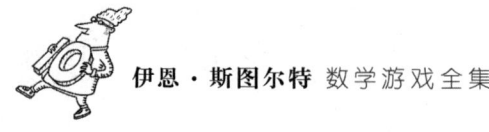

现曲线的第 r 个顶点是通过将式(1)的求和上限从 N 改为 r 得到的部分高斯和。假设 N 能整除 r 恰好 p 次,且余数为 q,则 $r=pN+q$,到 r 项的高斯和就是到 q 项的高斯和,再加上 p 个完备的高斯和。可以看出,式(2)是图 4.7 中各种周期性和对称性的原因。定性行为仅取决于 $N(\mathrm{mod}\ 4)$,因为 $(-i)^N$ 仅取决于 $N(\mathrm{mod}\ 4)$。事实上:

$$(-i)^N = \begin{cases} 1, & \text{如果 } N=0(\mathrm{mod}\ 4), \\ -i, & \text{如果 } N=1(\mathrm{mol}\ 4), \\ -1, & \text{如果 } N=2(\mathrm{mol}\ 4), \\ i, & \text{如果 } N=3(\mathrm{mol}\ 4) \end{cases}$$

下一个最简单的情况是 a 为有理数,比如说 $a=\dfrac{p}{q}$,其中 p,q 是互素的整数。这些有理数近似产生曲线中的周期性螺旋结构,就像 $a=\dfrac{1}{N}$ 时一样。图 4.8 显示了 $\dfrac{p}{7}$ ($p=1,2,3,4,5,6$)的情况。

接下来,斯塔夫意识到他可以用 $\Gamma(an^2)$ (a 为有理数)的结构来解释 a 为无理数时观察到的一些特征。假设 $\dfrac{p}{q}$ 是 a 的一个好的有理逼近;那么曲线 $\Gamma(an^2)$ 的开头形状将与 $\Gamma\left(\dfrac{pn^2}{q}\right)$ 的形状非常相似。斯塔夫可以利用这个想法来猜测沃索格使用的 a 的值。你能在沃索格的曲线(图 4.1)中看到哪些有理逼近?

为了帮助你,我们将图 4.1 中曲线的开头(框内部分)放大,如图 4.9 所示。这些弯曲相当复杂且倾向于重叠,所以我给你几个提示。

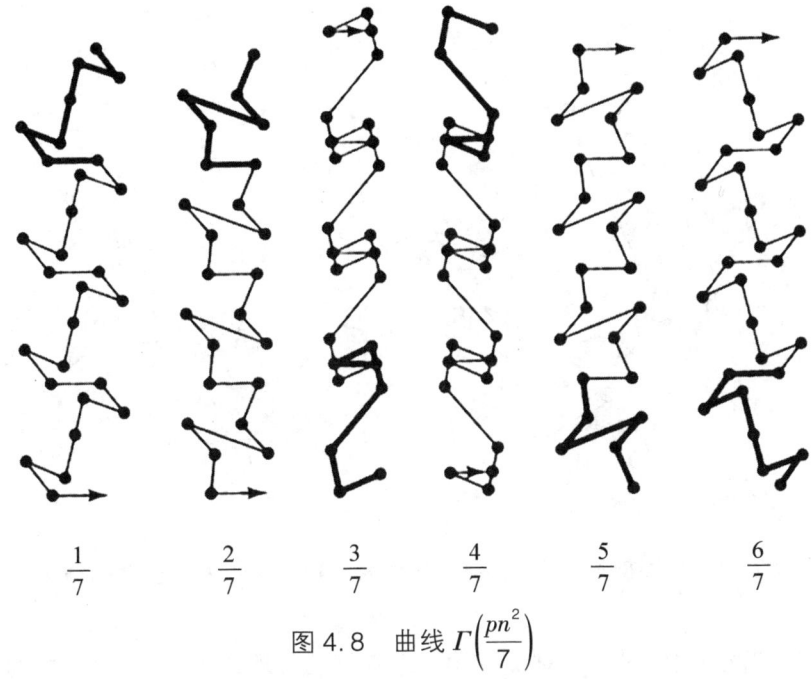

$\dfrac{1}{7}$ $\dfrac{2}{7}$ $\dfrac{3}{7}$ $\dfrac{4}{7}$ $\dfrac{5}{7}$ $\dfrac{6}{7}$

图 4.8　曲线 $\Gamma\left(\dfrac{pn^2}{7}\right)$

其中 $p=1、2、3、4、5、6$ 都显示了长度为 7 的重复段,第一个重复段显示为粗线。对于 p 和 $7-p$ 的曲线,两者除了旋转 180° 外是相同的

有一个大致重复的之字形,长度为 7,对应于 $\dfrac{p}{7}$ 形式的有理逼近,其中 p 为某个数。将之字形的形状与图 4.8 比较,我们看到 p 对 7 取模后必须等于 1 或 6,所以有理逼近是下列数值之一:

$$\dfrac{1}{7},\dfrac{6}{7},\dfrac{8}{7},\dfrac{13}{7},\dfrac{20}{7},\dfrac{22}{7},\dfrac{27}{7},\dfrac{29}{7},\cdots$$

注意到这个列表中有什么熟悉的东西吗?为了确定这个猜测,图 4.9 还显示了一个更大的、大致重复的结构,其长度是不寻常的整数 113。你知道什么有趣的 $\dfrac{p}{113}$ 形式的分数吗?

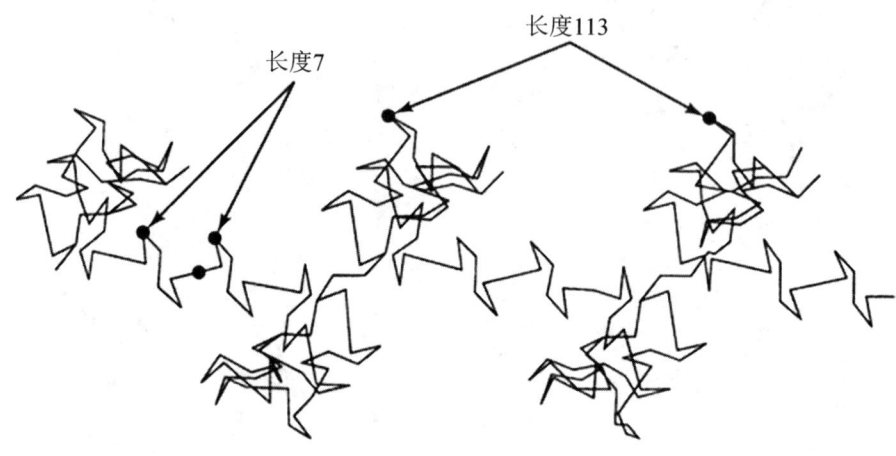

图 4.9
图 4.1 的一个局部放大图,显示了长度为 7 和 113 的大致重复的结构

当然,它就是 π。对 π 的第一个较好的有理逼近是 $\frac{22}{7}$,而更好的是 $\frac{355}{113}$。所以看起来沃索格的曲线是 $\Gamma(\pi n^2)$。重复的之字形反映了 $\frac{22}{7}$ 的逼近,而较大的小卷曲来自 $\frac{355}{113}$。通过这种方式,有理逼近的数论与相应曲线的几何图形产生了关联。

"你使用了 $a=\pi$ 的值!"斯塔夫兴奋地叫道。

沃索格的脸色沉了下来。"你是怎么……"

"我赢了!现在,去掉那些愚蠢的卷曲,给我画一个你承诺过的漂亮的直线网格!"

沃索格抑制着满脸的愤怒,开始动手重新画停车线。

斯塔夫解决问题的近似周期性可以进一步通过物理学中的另一

个思想进行研究。如果你从很远的地方观察曲线 $\Gamma(\pi n^2)$,你会有效地抑制对应于有理逼近 $\frac{22}{7}$ 的小曲线,并且只看到由 $\frac{355}{113}$ 给出的螺旋。可以证明,曲线 $\Gamma(an^2)$ 的较长初始部分可以很好地近似为曲线 $\Gamma(bn^2)$ 的较短初始部分,其中 b 是一个不同的参数。事实上,我们可以假设 a 位于 $-\frac{1}{2}$ 和 $\frac{1}{2}$ 之间,因为将整数加到 a 或从 a 中减去整数对 $\Gamma(an^2)$ 没有影响。如果我们取

$$b = \left\{\frac{1}{2a}\right\} - \frac{1}{2a}$$

其中 $\{x\}$ 是 x 的小数部分,则我们可以通过 $\Gamma(an^2)$ 的前 N 个分段来近似 $\Gamma(bn^2)$ 的前 $2aN$ 个分段。$\Gamma(bn^2)$ 的图像必须按适当的比例缩放,并旋转一个合适的角度。这个结果由物理学家贝里(Michael Berry)和戈德堡(J. Goldberg)在 1988 年证明,它在量子力学和光学衍射中有应用。这个过程被称为重整化,它起源于量子理论,但需要补充的是,在 1914 年,数论学家哈代(Godfrey Hardy)和利特尔伍德(John Edensor Littlewood)应用了一个较弱版本的相同想法来估计部分高斯和的值。

图 4.6 实际上展示了 $\Gamma(\pi n^2)$ 重整化的连续阶段。连续阶段之间的相似之处有时很明显——例如,前三幅图片具有非常相似的形状。当相似性不太明显时,是因为绘图的比例尺发生了变化,这由图中"比例因子"后面的第一个数字表示。第二个数字则表示在重新标定过程中涉及的自然缩放比例。例如,第五和第六张图片使用相同的绘图比例尺(1:1.5),但结合了不同的重整化比例(10.611 和

128.796)。第一个比例数字相同的图片具有直接可比的形状。

两天后,曲线 $\Gamma(\pi n^2)$ 已经从停车场上被抹去,沃索格准备铺设承诺的直线网格。城市建筑师怒视着斯塔夫,说:"我仍然认为我们应该把决定权留给沃索格!他是个了不起的人,极具想象力……"

斯塔夫打断了他。新的图案(图 4.10)看起来不太对劲。"嘿!沃索格!"他喊道,"你在搞什么名堂?我以为你要画一个直线网格呢!"

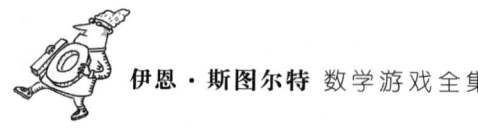

图 4.10 沃索格的复仇,$\Gamma\left(\dfrac{n^7}{1050}\right)$

沃索格从工作中抬起头。"这就是直线网格。"他说。

"是直线,但它们应该形成汽车大小的矩形!"

沃索格故作悲伤地摇摇头。"现在告诉我有点晚了,斯塔夫。在我花了半个晚上为你设计出这个方案之后就晚了。我以为你会高兴的!这个世界真是缺乏感恩之心。"

城市建筑师笑得合不拢嘴。

斯塔夫开始轻声抽泣。

第 5 章
巴黎圣母院的群论学家

树神与冒险的生意

卡西莫多①,巴黎圣母院的驼背数学家,正栖息在大教堂最大的钟及与它相邻的钟之间的橡木梁上。他用肌肉发达的双臂温柔地抱着一个纤细的身影。那个身影睁开一只眼睛,眨了眨,喘息着,然后开始疯狂挣扎。

"爱斯梅拉达②?"卡西莫多试探着问道。

"天哪,不!"那个纤细的身影说,"她是我的女仆。先生,您恐怕弄错了!"

卡西莫多心想,我可能真是老了。"那么你是谁?"他问。

"我不能告诉你,我们还没有被正式介绍过。"那个纤细身影的主人拘谨地说道。卡西莫多稍微松开了一点他的手。她瞥了一眼下面的陡峭悬崖,然后紧紧抓住他的胸膛。"另一方面,我从不拘泥于形式。我是简·波特③,阿基米德·波特教授的女儿!嗯——你不会碰巧是在树林里荡来荡去,而不是在钟楼上吧?我一直很想找到一个

---

① 卡西莫多是法国文学家雨果创作的长篇小说《巴黎圣母院》中的人物,他外貌丑陋却内心善良。——译者注
② 爱斯梅拉达是《巴黎圣母院》中的女主角,她外表美丽,内心善良。——译者注
③ 简·波特是《人猿泰山》故事中的女主角。——译者注

在树林里荡来荡去的人……"她好奇地看着他,"你不会是肌肉发达、皮肤古铜色的丛林之神泰山吧?格雷斯托克①这个姓氏对你有什么意义吗?我的意思是,你确实是抓着绳子晃荡……你不会是刚从非洲荡过来的吧……"她的声音越来越小,眼睛盯着他的驼背和破旧衣服。泰山从来不是伪装大师。当然,这个生物可能是他手下的一只猿猴……

"哎呀,"卡西莫多说,"恐怕我们都犯了一个不幸的错误。"他把她带到一个远离陡峭悬崖的石台上。"请接受我的道歉,简小姐。我的视力一天比一天差。"简盯着他,他发现自己无法与她对视。为了缓解自己的尴尬,他开始从一口钟荡到另一口钟,把钟敲得越来越响,"当——当——咚——叮——当——咚——当!!!"

"任何人都能看出你不是一个敲钟人,"简傲慢地说,"我的意思是,你不是一个敲钟的行家。"

卡西莫多看着她,然后看着钟,然后又回到简身上。"你觉得那些是什么,小姐?不是钟,难道是些茶壶吗?"

"哦,我同意你在敲钟,但这并不意味着你就是一个敲钟的行家,至少不是我所说的那种敲钟行家。在英国,"她停顿了一下以强调这个词,"我们非常认真地敲钟。我仔细地听着,注意到你至少敲了三次低音钟,却根本没有敲高音钟!"

"这有什么不好的事吗?"卡西莫多困惑地问。

---

① 格雷斯托克是泰山家族的姓氏。——译者注

"你违反了敲钟的基本规则,先生!"之后简不得不详细解释她的意思。

敲钟在英国是一项广受欢迎的消遣活动。敲钟人团队定期在教堂集合,敲出不同的变奏。这意味着他们必须以不同的顺序敲响一组钟,直到所有可能的顺序都恰好被敲响一次。

"这在数学上是一个简单的问题。"卡西莫多喃喃自语。

"天哪,你居然受过教育!"简惊讶地叫道。

"我的故事很简单,"卡西莫多说,"我曾经是巴黎大学的数学教授。我研究固态物体的振动。钟,它们是我的挚爱。哦,那些钟,那些钟!钟的振动频谱中有一种狂野的美!贝塞尔函数,拉普拉斯算子的特征值!但是随着我的身体畸形越来越严重——我把这归咎于随身携带关于波动方程的大部头论著——我的驼背使我无法在黑板上写字,所以我被迫提前退休。我在街上流浪,一个饥肠辘辘、狼狈至极的人,但我一直听到巴黎圣母院的钟声在召唤我,召唤我……一个月圆之夜,我爬上了塔楼的外墙,现在我对这个动作非常熟练,以至于没有人能抓住我。"

"一个悲伤的故事。"简说。

"不完全是。生活也有它的好处。至少我再也不用批改试卷了。但这种闲聊让我心烦。你刚才在说钟。"

"确实如此,"简说,"多亏了我在英国的导师,我精通数学艺术。"

"那么,小姐不会介意我说这个问题很简单吧?因为如果有 n 口

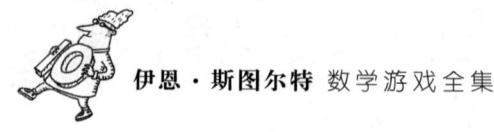

钟,那么不同的排列顺序的数量就是 n 的阶乘,表示为 $n!$,即 $n!=n\times(n-1)\times(n-2)\times\cdots\times3\times2\times1$,这些钟能够以任何顺序敲响。因此,在 n 口钟上敲响全套变化的不同方式有 $n!$ 种,这个数值增长得非常快。"

树神与冒险的生意

问　　题

1. 根据斯特林公式，$n!$ 大约是 $\sqrt{2n\pi} \cdot \left(\dfrac{n}{\mathrm{e}}\right)^n$。找出使得在 n 口钟上敲响全套变化的方式数量大约为一个古戈尔普勒克斯（googolplex，等于 $10^{10^{100}}$）的 n 的值（精确到最接近 10 的整数次幂）。

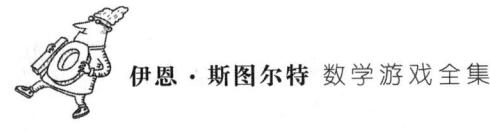

"啊,但你还没让我说完所有的规则,"简说,"用数字 $1,2,3,\cdots,n$ 表示钟,按照音高从高到低排列。钟 1 被称为高音钟,钟 n 被称为低音钟。钟的每一种排列顺序,也就是数字 $1,2,3,\cdots,n$ 的每一种排列,被称为一种变化。按音阶顺序的排列,即 $123\cdots n$,被称为首轮。最后,所有可能的变化(加上一个,即对首轮的重复)的完整序列被称为一组钟乐。敲响一整组钟乐有五条规则:

1. 钟乐必须以首轮开始和结束;
2. 在这期间,必须经过所有可能的变化且不能重复;
3. 在相继变化中,任何一口钟的移动不能超过一个位置;
4. 任何一口钟不能在连续两个以上的变化中停留在同一位置;
5. 每口钟应该以同样多样的方式移动。"

"规则 1 是为了体现音感。"简额外指出。

"按音阶敲响,"卡西莫多说,"我明白了。所以序列 $123\cdots n$ 出现两次,一次在开始,一次在结束。但所有其他的排列——"

"变化,卡西莫多!请使用正确的术语!"

"所有变化恰好出现一次。"

"完全正确!规则 2 在数学上是令人满意的,但它也有一个实际的目的:产生最大的多样性。"

"我想规则 3 是出于机械原因,"卡西莫多说,"一口钟有很大的动量,连续敲响之间的时间间隔不容易缩短或延长,"他停顿了一下,"我太清楚这一点了。"他补充道。

"正确!规则 4 是为了多样性,规则 5 是为了对称性,我得承认,这一点没有那么明显。我应该补充一点,出于艺术原因,规则4和5有时会被放宽。"

"实际应用中,使用不同数量的钟有特定的名称:3口钟叫'单音',4口钟叫'微调',5口钟叫'双音',6口钟叫'小调',7口钟叫'三音',8口钟叫'大调',9口钟叫'四音',10口钟叫'皇家调',11口钟叫'五音',12口钟叫'极大调'。例如,名为'格拉斯哥惊喜大调'的方法,根据其名称中的最后一个词,必定指的是在8口钟上敲响的变化。"

"格拉斯哥惊喜大调"的开头如图5.1所示。线条显示了每口钟的移动:注意,在序列中,任何一口钟都不会向左或向右移动超过一

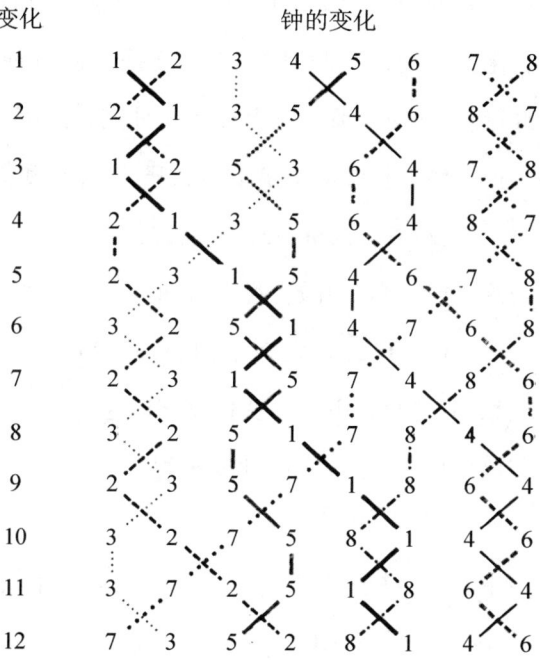

图5.1 "格拉斯哥惊喜大调"的开头部分

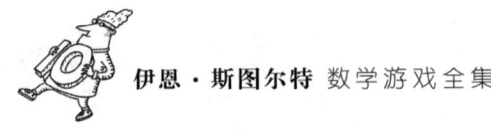

个位置。另一方面,没有一口钟会在三个以上变化中停留在同一位置。但是有些钟确实会在多次变化后回到原位——例如,钟6在最初的几个变化后回到了位置6。完整的钟乐包含8! +1 = 40 321 个变化,所以不方便在这里列出,但我希望它能传达大致的意思。

"太完美了!"卡西莫多叫道,"我已经证明了一个定理! 有三口钟时,只有两种可能的钟乐!"

"如果这是一个定理,那么它必须有一个证明。"

"有。很容易看出,每次变化必须只交换两口钟:你不能同时移动三口钟并且每口钟只移动一个位置。中间的钟不能保持原位——那将意味着两端的钟交换,每口钟移动两个位置,这违反了规则3。所以所有的变化要么交换前两口钟,要么交换后两口钟。同样的交换不能连续进行两次,因为那样只会重复一种变化。因此,这两种交换必须交替进行。如果我们从交换1和2开始,那么我们得到

$$123, 213, 231, 321, 312, 132, 123$$

如果我们从交换2和3开始,我们得到

$$123, 132, 312, 321, 231, 213, 123$$

我现在注意到,这只是第一个变化序列的逆序。"

"太棒了! 你列出的第一个序列被称为快六,第二个序列被称为慢六。"

"有趣。如果一个序列是另一个序列的逆序,它们应该花费相同的时间!"

"可能是心理作用,一个听起来更慢。"简看上去若有所思,"你

知道,你证明有三口钟时只有两种不同钟乐的方法,让我觉得这背后一定有某种数学结构。"

"嗯,我可以用一个图来表示我的证明。假设我画6个点,每个点对应于数字1,2,3的一种可能排列,那就是6种变化。然后,如果我可以通过交换前两口钟从一个变化得到另一个变化,我就用虚线连接这两个点;如果我可以通过交换后两口钟得到另一个变化,就用实线连接。敲响所有6种变化的问题就变成了图论中的一个问题:找到一个'哈密顿回路',也就是一个封闭的环,它恰好经过每个点一次。在这里很容易,因为整个图形成了一个回路(图5.2)。两种解决方案是沿着回路顺时针或逆时针遍历一圈。"

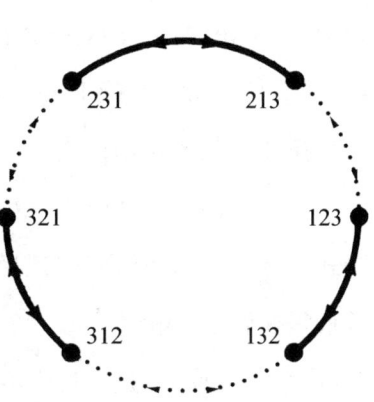

图5.2 三口钟从一种变化到下一种变化

"嗯……但是一般来说,找到哈密顿回路是一个未解决的问题。无论如何,我认为还有更多的结构!"

"也许是群论。"

"是的!当然!卡西莫多,你是个天才!你是怎么想到的?"

"只是猜测。相信直觉总是没错的。"

群论是关于一组变换的理论,当这些变换相继执行时,会产生同一组中的另一个变换。你马上就会明白我的意思。敲钟数学的关键是,不要关注任何给定变化中出现的特定钟的序列,而是关注重新排

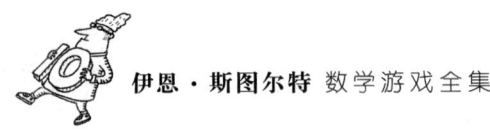

列它们的变换。

定义两个变换 F 和 L 如下:F = "交换前两口钟",L = "交换后两口钟"。例如,如果我们有初始状态 123,应用 F,我们得到 213;应用 L,我们得到 132。置换 F 和 L 如图 5.3(a)所示。另外,让 I 表示恒等变换:I = "所有钟不改变"。

然后,"快六"和"慢六"这两种钟乐序列呈现出一种非常规则的形式,我们会在下面的"知识栏"中具体介绍。在阅读"知识栏"前,我们需要做一些解释。每一个相继变化都有编号,并且列出了钟声的顺序。在"移动"这一列中给出了从前一个变化得到该变化的变换方式——其中条目"I"纯粹是约定俗成的,因为不存在前一个变化——并且所有使用的算子的综合效果写在标题为"置换"的最后一列下面。我们所说的置换是指从原始顺序 123 到给定变化的变换。每一个置换都写成一串由"F"和"L"组成的字符。这些字符串必须从右往左读:例如,"LFL"表示"先执行 L 操作,然后是 F 操作,接着再执行一次 L 操作",如图 5.3(b)所示。

为了明确起见,让我们集中注意力,重点关注慢六。快六和慢六本质上是一样的,只需交换 L 和 F 即可。

第 7 个变化与第 1 个相同——也就是说,字符串 FLFLFL 产生的效果与变换 I 相同。我们用符号表示为 FLFLFL = I 或 $(FL)^3 = I$,如图 5.3(c)所示。

实际上,任何由 L 和 F 组成的字符串都必须恰好导致 6 种不同可能变化中的一种,所以任何这样的字符串都等于 6 个字符串 I,L,

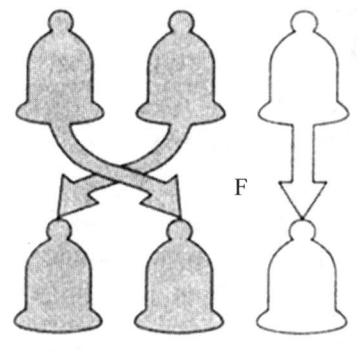 

(a)

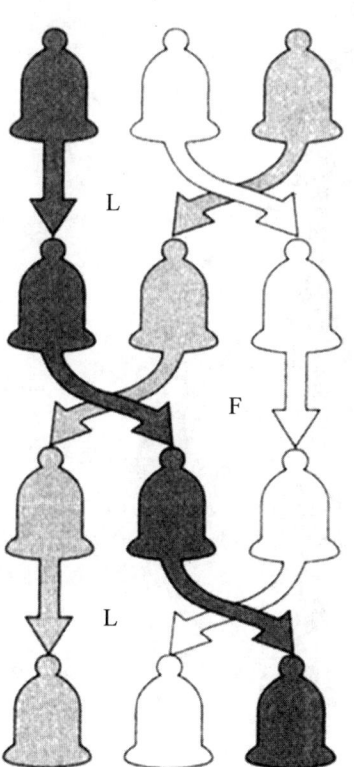 

(b)

(接下页)

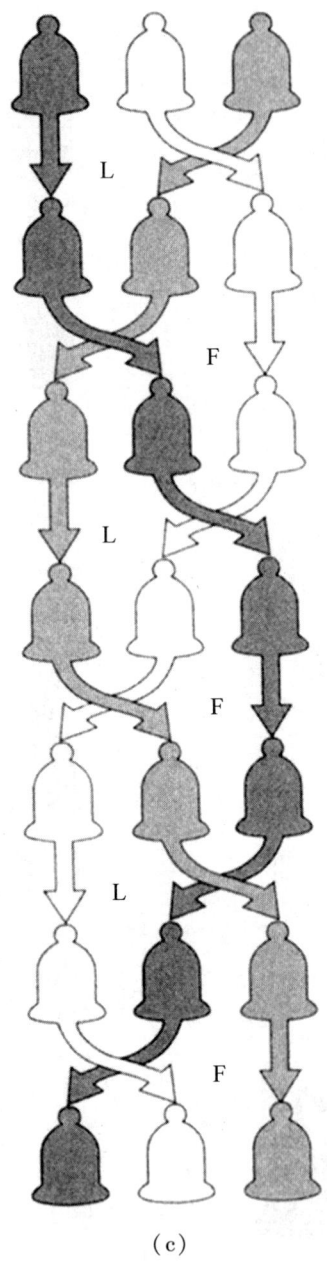

(c)

图 5.3

(a) 置换 F 和 L;(b) 复合置换 LFL;(c) 证明 FLFLFL=I

快六和慢六的变换

表 5.1　快六

变化	123	移动	置换
1	123	I	I
2	213	F	F
3	231	L	LF
4	321	F	FLF
5	312	L	LFLF
6	132	F	FLFLF
7	123	L	LFLFLF

表 5.2　慢六

变化	123	移动	置换
1	123	I	I
2	132	L	L
3	312	F	FL
4	321	L	LFL
5	231	F	FLFL
6	213	L	LFLFL
7	123	F	FLFLFL

FL, LFL, FLFL, LFLFL 中的一个。特别是，如果我们将其中 2 个字符串组合在一起，得到的字符串也必须等于刚刚列出的 6 个字符串中的一个。例如，(LFLFL)(FLFL) 等于 LFLFLFLFL，重新加括号后等

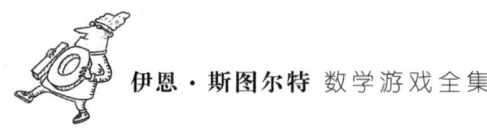

于(LFLFLF)(LFL),并且 LFLFLF=I,所以我们得到(I)(LFL),它等于 LFL,因为 I 不改变任何东西。也就是说,(LFLFL)(FLFL)= LFL。

那么(LFLFL)(LFL)呢?我们可以去掉括号并写成 LFLFLLFL,但是现在怎么处理呢?

为了取得进一步进展,我们注意到 LL=I,因为 L 是交换最后两口钟,这样做两次会将一切恢复到原来的位置。我们可以写成 $L^2=I$。类似地,$F^2=FF=I$。所以我们有 LFLFLLFL = LFLFIFL = LFLFFL = LFLIL = LFLL = LFI = LF。

通过这种方式,我们可以为上面列出的 6 个字符串构建一个完整的"L 和 F 字符串的乘法表"。

L 和 F 字符串的乘法表

表 5.3

第一个字符串	I	L	FL	LFL	FLFL	LFLFL
第二个字符串						
I	I	L	FL	LFL	FLFL	LFLFL
L	L	I	LFL	FL	LFLFL	FLFL
FL	FL	LFLFL	FLFL	L	I	LFL
LFL	LFL	FLFL	LFLFL	I	L	FL
FLFL	FLFL	LFL	I	LFLFL	FL	L
LFLFL	LFLFL	FL	L	FLFL	LFL	I

该表格显示，I、L、FL、LFL、FLFL、LFLFL 这 6 个字符串中任意两个的乘积仍是这 6 个字符串中的一个。也就是说，这 6 个字符串构成了一个群。它被称为对称群 S_3，它包含了 3 个符号的所有 6 种可能的置换。它的结构（乘法表）完全由以下 4 个等式确定：

IX = X = XI（对于任何字符串 X）

$L^2 = I$

$F^2 = I$

$(LF)^3 = I$

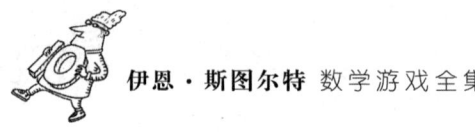

问　题

2. 在推导上面的知识栏时,有一个有用的技巧你可能没有发现。置换 F 必须是列出的 6 个置换中的一个,但它是哪一个呢?

树神与冒险的生意

问　题

3. 用同样的方法计算出"快六"的乘法表。

让我们讨论一下更"通用"的场景。回想一下，按顺序排列的 n 个对象的一个置换，是重新排列它们的一种变换。置换通常的表示法是一个包含两行符号的括号：

$$\begin{pmatrix} 初始顺序 \\ 最终顺序 \end{pmatrix}$$

例如：

$$\begin{pmatrix} 1234567 \\ 2317564 \end{pmatrix}$$

它表示：

将第一个符号移到第二个位置，

将第二个符号移到第三个位置，

将第三个符号移到第一个位置，

将第四个符号移到第七个位置，

保持第五个符号在第五个位置，

保持第六个符号在第六个位置，

将第七个符号移到第四个位置。

其效果如图5.4所示。区分特定符号 $1, 2, 3, \cdots, n$ 的一个特殊排列和一个置换是很重要的：一个置换是一种可以应用于任何符号序列以产生新序列的变换。例如，将图5.4中的置换应用于字母序列 ABCDEFG 时，会产生序列 CABGEFD；应用于数字序列 7654321 时，会产生序列 5761324；以此类推。

置换可以通过依次执行它们来组合，如图5.5所示。n 个符号的

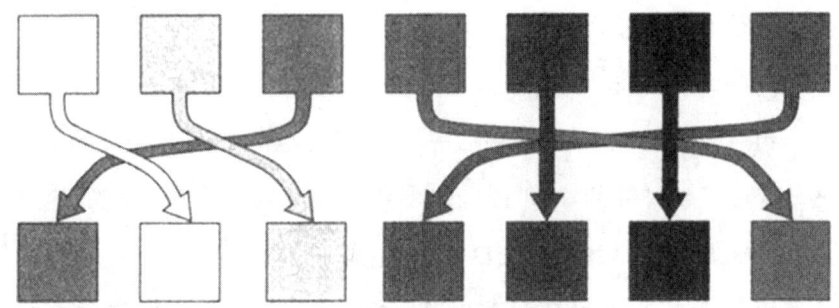

图 5.4　一个置换的效果

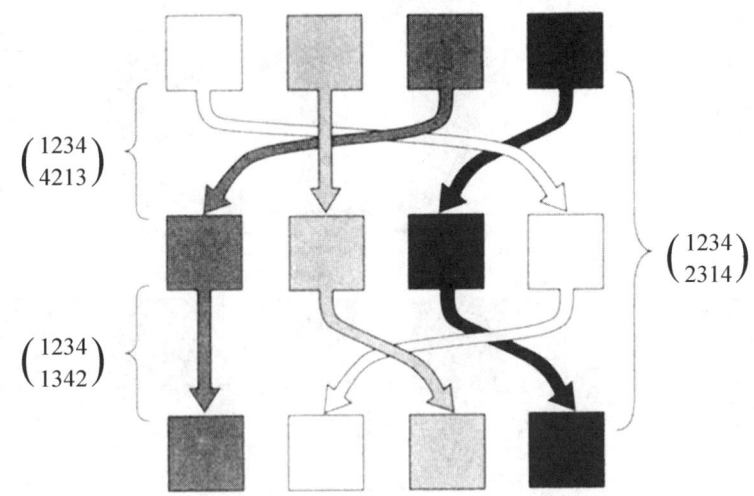

图 5.5　如何将两个置换组合成第三个置换

$n!$ 种可能置换构成一个群，称为 n 次对称群，记为 S_n。

还有一种更紧凑的置换标记法，称为循环标记法。例如，循环 (345) 表示：

把第三个符号移到第四个位置，

把第四个符号移到第五个位置，

把第五个符号移到第三个位置。

如图 5.6(a)所示。

再看图 5.6(b),请注意最后一个移动是如何环绕回到循环的开头的。应用于 8 口钟的序列 12345678 时,循环(345)会产生新的序列 12534678,应用于序列 35718243 时,它生成新序列 35871243,以此类推。

更一般地,一个循环的乘积,如(345)(26),表示先执行(345),然后执行(26)。

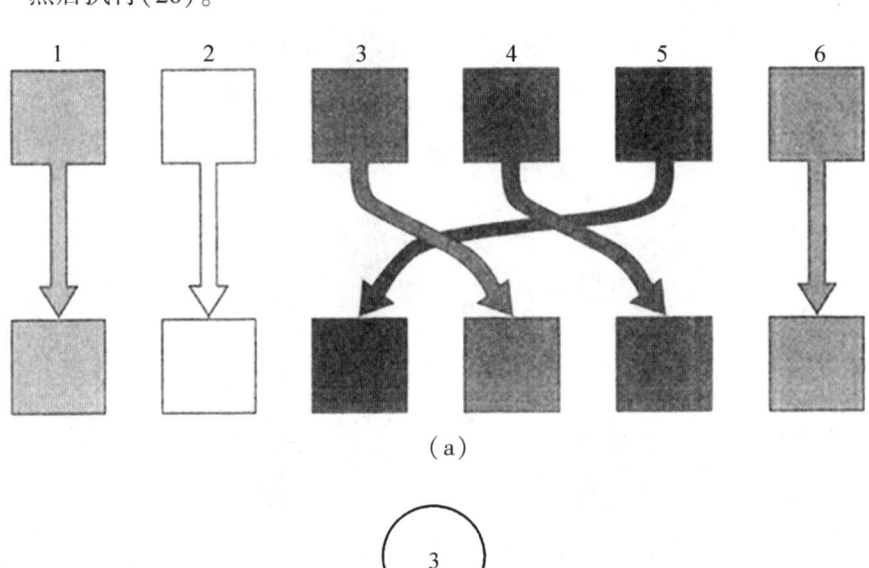

(a)

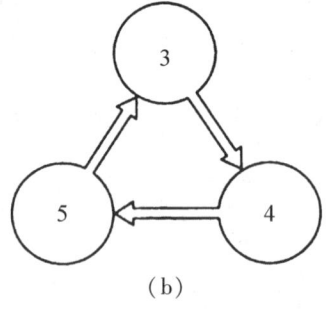

(b)

图 5.6

(a) 循环(345)是一个置换;(b) 它是如何循环的

在换钟时,可以用来从一个变化移动到下一个变化的变换是什么呢?不难看出,它们必须由长度为2的循环组合而成,这些循环交换相邻的钟,并且没有两个循环重叠。例如,有7口钟时,我们可以使用(34),(23)(56)或(12)(45)(67),但不能使用(13)或(2345)(图5.7)。

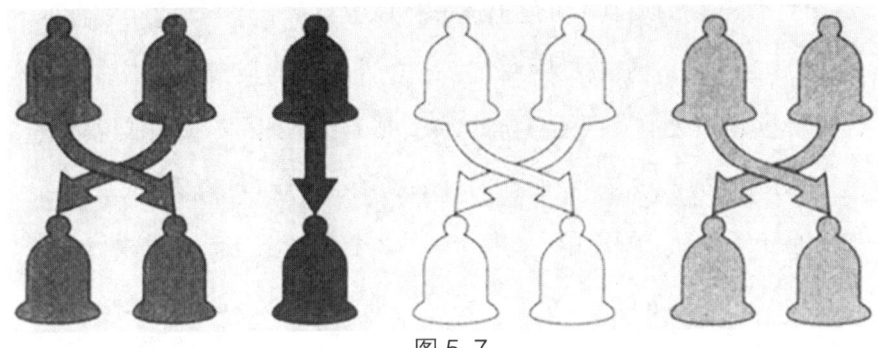

图5.7

从一个变化到下一个变化的可行操作,必须是对相邻且不重叠的一对或多对钟进行交换

用这种标记法,我们来看一个较复杂的4口钟变化,称为"微调"。图5.8以图形化方式展示了这一变化。这里我们使用了置换 A=(23),B=(34) 和 C=(12)(34),并按规律的模式将图分为三个环,其中置换 A 和 C 在每个环中交替运行,而置换 B 则不规则地从一个环切换到另一个环。

"嘿!"卡西莫多喊道,"我注意到了一些事情!如果我们在那个不规则移动之前停止,只看前8个变化,那么产生它们的排列本身就形成了一个较小的群!一个子群!"

"你说得对,"简说,"我们称它为'追逐子群',并记为 H。"

"为什么?哦,我知道了,你们英国贵族痴迷于追逐。"

"不,不! 如果一口钟稳定地朝一个方向移动,每次移动一个位置,就说这口钟在'追逐'。在H中,所有3口钟都会依次朝两个方向'追逐'。"

"追逐子群H在整个'微调'钟乐中起着至关重要的作用。不仅前8个变化对应于H中的置换,接下来的8个变化对应于可以写成h(243)形式的置换,其中h是追逐子群H中的一个置换。这个集合称为H(243)陪集。同样,最后8个变化位于H(234)陪集中,也就是说,它们是使用h(234)形式的置换得到的,其中h在H中。换句话说,'微调'钟乐中的模式对应于将所有24个置换的群分解为三个陪集,每个陪集对应于子群H。在图5.8中,每个环的8个变化对应于一个陪集。"

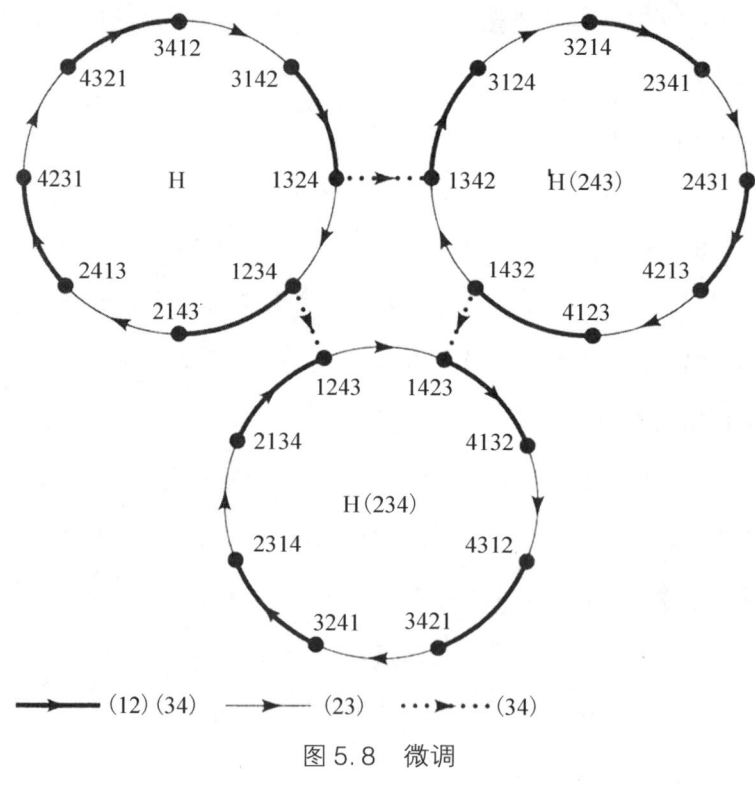

图 5.8 微调

"这是一个非常了不起的观察,卡西莫多!"简在算出这一切后喊道,"我现在知道如何从群论的角度得到'斯特德曼双音'的方法了!"

"斯特德曼双音"是一种用于 5 口钟的钟乐。从一个变化到下一个变化的可能置换是 $A=(23)(45)$,$B=(12)(34)$,$C=(12)(45)$,$D=(12)$,$E=(23)$,$F=(34)$ 和 $G=(45)$。最后 4 个置换被敲钟人称为"单钟置换",原因很明显。

有 5 口钟时,有 $5!=120$ 个变化。该方法首先依次应用置换 C 和 A,产生一个仅包含 6 个变化的子群。"斯特德曼双音"将整个群分解为 20 个陪集,每个陪集由 6 个置换组成,并使用置换 B 将它们连接在一起形成一组完整的钟乐。按照传统,该方法从中间的一个变化开始,所以分解是从变化 32415 而不是 12345 开始的。详情见下文知识栏。

斯特德曼双音

请逐列阅读。 下划线指示了陪集,最后一个陪集又回到起始处。

表 5.4

变化	移动	变化	移动	变化	移动	变化	移动
12345	I						
21354	C						
23145	A						
32415	B	52341	B	31425	B	51342	B
23451	C	53214	A	13452	C	53124	A
24315	A	35241	C	14325	A	35142	C

(接下页)

(续表)

变化	移动	变化	移动	变化	移动	变化	移动
42351	C	32514	A	41352	C	31524	A
43215	A	23541	C	43125	A	13542	C
34251	C	25314	A	34152	C	15324	A
43521	B	52134	B	43512	B	51234	B
45312	A	25143	C	45321	A	15243	C
54312	D	21534	A	54321	D	12534	A
53421	A	12543	C	53412	A	21543	C
35412	C	15234	A	35421	C	25134	A
34521	A	51243	C	34512	A	52143	C
43251	B	15423	B	43152	B	25413	B
34215	C	14532	A	34125	C	24531	A
32451	A	41523	C	31452	A	42513	C
23415	C	45132	A	13425	C	45231	A
24351	A	54123	C	14352	A	54213	C
42315	C	51432	A	41325	C	52431	A
24135	B	15342	B	14235	B	52431	B
21453	A	51324	C	12453	A	52314	C
12435	C	53142	A	21435	C	53241	A
14253	A	35124	C	24153	A	35214	C
41235	C	31542	A	42135	C	32541	A
42153	A	13524	C	41253	A	23514	C
24513	B	31254	B	14523	B	32154	B
42531	C	32145	A	41532	C	31245	A
45213	A	23154	C	45123	A	13254	C
54231	C	21345	A	54132	C	12345	A
52413	A	12354	C	51423	A		
25431	C	13245	A	15432	C		

恰好有两次单钟置换，两次都使用了置换 D。两个置换 D 之间的置换是偶置换，即交换偶数对钟的位置，它们被称为交错群 A_5。如果没有这两次单钟置换，只能敲响一半可能的变化。"斯特德曼双音"遵守所有换钟规则，并且具有美妙而复杂的群论结构。你可能想尝试用图形来表示它。

"这真的非常了不起，"简说，"那些老敲钟人一定懂很多群论知识！"

"关于置换的任何重要早期工作都是由拉格朗日（Joseph-Louis Lagrange）和鲁菲尼（Paolo Ruffini）在 18 世纪末完成的，"卡西莫多说，"他们当时正在研究代数方程的解。置换群直到大约 1815 年才被发明出来，当时柯西（Augustin-Louis Cauchy）写了一篇关于这个主题的长篇论文。[1] 是谁发明了'斯特德曼双音'呢？"

"斯特德曼在他的《鸣钟的艺术》(*Tintinnalogia*) 中解释了它。"

"他什么时候写的？"

"1668 年。"简说。

---

[1] 《巴黎圣母院》一书的背景年代是 15 世纪法王路易十一统治时期，所以卡西莫多实际上不可能知道这些数学成就。——译者注

答　案

1. 当 $n = 10^{98}$ 时，n 的阶乘 $n!$ 的值约为一个古戈尔普勒克斯。更接近的近似值为 $n \approx 1.03 \times 10^{98}$。

2. F = FI = F(FLFLFL) = FFLFLFL = ILFLFL = LFLFL。

3. 对于"快六"而言，其乘法表与"慢六"相似，但是 L 和 F 互换。

表5.5

第一个字符串	I	F	LF	FLF	LFLF	FLFLF
第二个字符串						
I	I	F	LF	FLF	LFLF	FLFLF
F	F	I	FLF	LF	FLFLF	LFLF
LF	LF	FLFLF	LFLF	F	I	FLF
FLF	FLF	LFLF	FLFLF	I	F	LF
LFLF	LFLF	FLF	I	FLFLF	LF	F
FLFLF	FLFLF	LF	F	LFLF	FLF	I

第 6 章

献给树神的祭坛

树神与冒险的生意

"**所**以我对他说,不,我不能刚好在春季生育仪式时为你安排一次美妙的日食!"石匠公会会长洛基心情很糟糕,你也可以正式称呼他为洛基二世。"这位牧师总是提出不可能的要求。我告诉他,如果他想要一次日食,为什么不自己向月亮女神献上 17 只山羊呢?但不行,似乎现在不是索提克周期①的合适时间,不管那是什么意思。我觉得这都是无稽之谈。"

"一贯如此。"他的学徒表示同意。这个瘦小的小伙子还太年轻,没有自己的姓氏,所以就叫他内德。"总是这样。每座长冢都必须比前一座更长,只是为了超过邻村的牧师。我希望我们能快点走出新石器时代。"

"但这还没完,"洛基继续说道,"大祭司莫洛克想出了一个安抚神灵的好主意,他想让我们建造它。"

"另一个石圈?"内德满怀希望地问道。石匠公会很久以前就涉足各种石造建筑,当一个石圈开始建造时,一个机灵的学徒可以获得

---

① 索提克周期(Sothic cycle)是古埃及使用的一种基于天狼星与太阳同时升起的周期,每隔约 1460 年为一个周期。——译者注

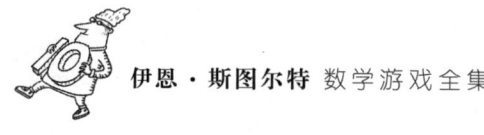

大量的加班机会。

"不,显然石圈已经过时了。这是来自神侍的新指令。"

"哦,"内德失望地说,然后他又振作起来,"石头大道?一条又长又漂亮的石头大道利润丰厚。我们可以为他们建造一条千神大道,听起来不错吧?布局也很简单。我的意思是,你所需要的只是几卷猪皮绳和一个能精准打结的人。当然,还需要一位占星家,以确保大狼星的位置排列正确。"

"不,地脉线①也过时了。有一种新理论认为神灵厌恶直线。"

"一个祭坛,"内德豁出去了,"没有一个好的祭坛就不能进行好的祭祀。质地精良的砂岩,看起来坚硬但方便切割,容易凿出沟槽,不麻烦,不混乱。你可别告诉我说他们连祭坛都不想要。"

"哦,他们确实想要一个祭坛。"洛基说。

"那就好。"

"大祭司莫洛克想要 6 个祭坛,以分别对应树神威洛的 6 条主根。"

"我以为他有 7 条主根。"

"听着,牧师应该知道一位神有多少条主根,对吧?那是他们的工作,不是吗?"

"如你所愿。嗯……为 7 个祭坛建立一条生产线是值得的。"

---

① 地脉线是 1921 年由英国业余考古学家沃特金斯(Alfred Watkins)提出的。他认为,在英国的乡村景观中存在着一种无形的直线,这些直线连接了古代的遗址,如巨石阵(Stonehenge)、古墓、古教堂、山泉、巨石等具有历史或地理意义的地点。他推测这些直线可能是古代的道路、贸易路线,或者具有宗教仪式意义的路线。——译者注

树神与冒险的生意

"6个。"

"对,6个,是的。'只要是砂岩就行',很棒的广告语。"

"问题不在于祭坛本身!而是有一个规划方面的规定。"

"排水沟,我打赌。总是排水沟的问题。嗯,当然,给墓穴建筑部门塞几枚金币,你可以让他们撤销任何……"

"不,祭司在招标书中写了一个要求。'所有祭坛之间的距离必须是整数步'。天知道为什么,好像和暴食女神邦特古泽尔①不喜欢有剩余的东西有关。"

内德想了想,"把它们排成一条直线,"他说,"各相隔10步。那么距离就正好是10、20、30、40和50步。这些都是整数。"

"听着,内德,你有没有在听?我刚刚告诉你他们不想要任何直线。也不要圆。'最多两个祭坛在同一条直线上,最多三个祭坛在同一个圆上'。"

"哎呀,为什么要满足这些呢?"内德惊讶地问道,"我从来没见过祭司妥协。为什么不要求最多一个祭坛在同一条直线上,最多一个祭坛在同一个圆上呢?"

"我不知道,"洛基说,"我想可能是一些仪式上的限制,就像如果在'忘哥日'②举行献祭仪式,就不能穿3件鼹鼠皮衣服。"

"哦,所以毕竟有一个很好的理由。可惜。"他们默默地坐着,心

---

① 邦特古泽尔(Bountguzzle)这个神名是作者自创的,bounty 是慷慨大方的意思,guzzle 是狂欢、暴食的意思。——译者注

② 并没有什么"忘哥日"(Wongleday),它是作者用 wangle(欺骗)和 day(日)组合而成的。——译者注

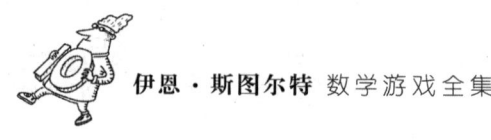

情阴郁。内德把一个陶罐放在火上,一边无聊地啃着一根兔骨头,一边等着水烧开。当你遇到问题的时候,没有什么比喝一壶好的马唐草茶更好的了。

他们默默地喝着茶。

"我知道了,"内德突然说,"斯尼奇斯威舍,威什斯尼奇斯的女儿!"洛基做了一个驱赶恶魔的习惯性手势,然后才意识到内德实际上并没有打喷嚏①。

"她是谁?"

"一个朋友,"内德小心翼翼地说,"她爸爸是法术学会的某个大人物。事实上,仔细想想,他可是位术士。但是,"他注意到洛基的表情,急忙继续说道,"这不是重点。斯尼奇斯威舍是一个数字命理学家。她对数字之类的东西似乎自有一套魔法。"

"女魔法师?很少见。"洛基说。

"我是在打比方。"内德指出。

洛基放下他的那杯马唐草茶。"她住在死猫沼泽的边缘,是吗?"

"实际上是在里面。有一个建在高跷上的小屋,还有一个跳板。漂亮的茅草屋顶。"

洛基耸耸肩。"就去她那碰碰运气吧。反正没什么可失去的。"

"除了6个砂岩祭坛的合同。"内德说。

在他们见面时,斯尼奇斯威舍对祭坛问题的第一反应是:"非

---

① "斯尼奇斯威舍"的发音有点像打喷嚏的声音。——译者注

常有趣。"而内德则觉得她穿着白鼬皮材质的、饰有老鼠耳朵的衣服看起来非常漂亮。"你要找的是我们数字命理学家所说的6点集。"

"不,如果我想要啤酒,我……"①

"如果 n 是任意整数,"斯尼奇斯威舍说,"那么一个 n 点集是平面上的一组 n 个点,所有点之间的距离都是整数,并且不存在3点共线、4点共圆。"她皱着眉头思考着。"牧师们希望祭坛设在铺石板的地方吗?"

"不。"洛基说。

"很好。他们总是想要方形的铺路石,你知道的,因为青蛙恶魔霍夫有四个头,而且他们总是希望将祭坛设在石板的中心,因为他们担心如果不这样做,那么住在石板下的小妖精会从缝隙中逃出来。

"如果祭坛下面要铺地基,那就会给问题引入一个额外条件:所有点都必须位于整数格点上(图6.1)。

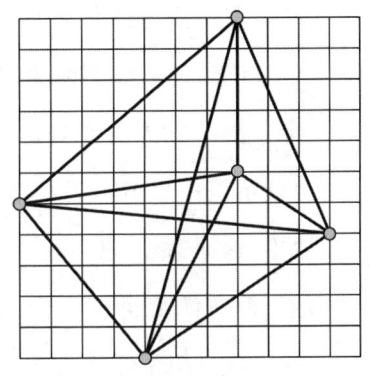

图6.1
n-簇是指整数网格上的一个 n 点集,这里 $n=5$

那种排列被称为 n-簇。每个簇都是一个点集,但不是每个点集都是一个簇。一般来说,找到簇比找到点集更难,所以我们真的很幸运。"

---

① 6-pack 在数学中指6点集,但在生活中有时也指六联包的东西,所以内德会想到啤酒。——译者注

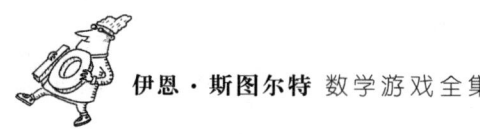

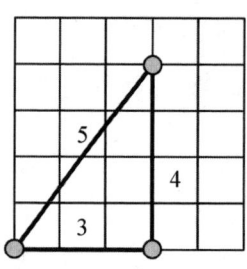

图 6.2　最小的 3-簇

斯尼奇斯威舍在泥地上用棍子画了一幅图（图 6.2）。"这是最小的 3-簇。它就是测量员用来布置直角的通常的 3-4-5 三角形。"

"哦，是的，"内德说，"我知道那个。"

"这是帕·图格拉斯定理①的一个应用。"斯尼奇斯威舍说。

"你是说老图格拉斯吗？整天仰着头走来走去，掉进沟里的那个？"

"他是一位非常有成就的数字命理学家，"斯尼奇斯威舍辩护道，"他发现了 3-簇的一般规则。而且他意识到你可以把他的四个 3-簇拼在一起组成一个 4-簇。"她画出了图 6.3。

"这不是一个 5-簇吗？"洛基问道。

"不，你必须去掉中心点——显示为空心圆的那个，否则你会得到三个在一条直线上的点。同样的构造适用于任何直角三角形，像 5-12-13 或 8-15-17。"

"啊哈！如果你把三个这样的三角形拼在一起呢？那会得到一个 5-簇吗？"

"不，没那么容易。你得这样做。"她展示了最小的 5-簇（图 6.4）。

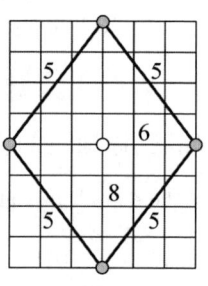

图 6.3
四个 3-簇可以组成一个 4-簇，但不能组成一个 5-簇，因为为了不违反三点共线的规则，中心点必须被移除

---

①　帕·图格拉斯定理（Pa Thuggerass's Theorem）即毕达哥拉斯定理，这是作者在故事中杜撰的名称。——译者注

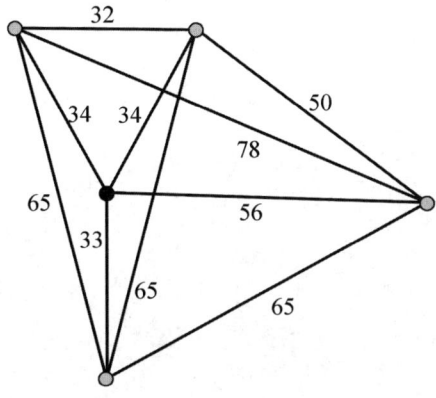

图 6.4 最小的 5-簇

问　　题

1. 如果黑点圆是原点,图6.4中的五个点的坐标分别是什么?

树神与冒险的生意

问　题

2. 找出一个是点集,但不是簇的例子。

"太好了!所以我们只需要找到一个6-簇,或者甚至只是一个6点集。你当然知道该怎么做。"

斯尼奇斯威舍摇摇头,她耳朵上挂的鼩鼱头骨叮当作响,很是迷人。"不,我不知道。"

"你是认真的吗?"

"绝对认真。如果能放松关于不共圆的条件,那么我可以找到任意大的 n 所对应的 n-簇。但圆的条件排除了那种方法。如果存在答案的话,可能在遥远的未来会被找到。"

"哦,"内德想了一会儿,说:"那对我们没什么用,不是吗?我的意思是,"他补充道,"如果它在村子的污水坑里,或者在恶臭的垃圾场中,甚至在龙息洞——呃,龙的洞穴里,我们都可以试着去得到它,嗯,不是吗?"他在斯尼奇斯威舍的注视下畏缩了。"对不起,我只是想帮忙。嗯,不管怎样,谢谢你。我想我们现在该走了。代我向你爸爸问好。"

非共线格点中的所有距离为整数的点

可以找到一个有限的、任意大的点集,其中所有点都位于同一个圆上,且坐标都是整数,并且它们之间的距离都是整数。

设 A 为一个 3-4-5 三角形中的角[图 6.5(a)],则 $\cos A = \dfrac{4}{5}$,$\sin A = \dfrac{3}{5}$。注意,这两个值都是有理数。从原点出发,以角度 $0, 2A$,

$4A,6A,8A,\cdots,2(n-1)A$ 绘制径向线,使其与单位圆相交于点 P_0, P_1, $P_2,\cdots,P_{n-1}$[图 6.5(b)]。它们的坐标都是有理数,因为 $\sin n\theta$ 和 $\cos n\theta$ 是以 $\sin\theta$ 和 $\cos\theta$ 为变量且系数为整数的多项式。点 P_n 与 P_m 之间的距离为 $2|\sin(n-m)A|$,根据标准三角公式,这些距离也是有理数。现在,用所有出现的有理数的最小公分母进行放大,就可以得到具有整数坐标且相互距离为整数的点。

通过使 n 趋于无穷大,同样的构造方法(不进行最后的放大操作)会产生一个无穷点集,这些点都位于同一个圆上,具有有理数坐标,并且它们之间的所有距离都是有理数。

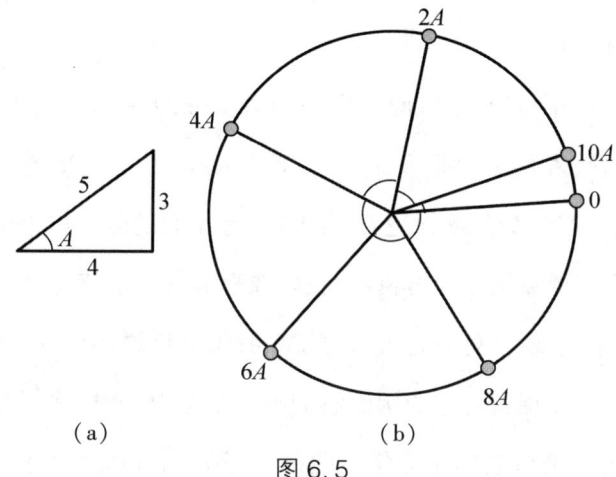

图 6.5

(a) 3-4-5 三角形的一个角度;(b) 构造一组 n 个点,使得所有距离都为有理数

他们正穿过沼泽地的木板路时,她叫住了他们:"不,等等!我父亲!我父亲是一名术士,他可以通过某种方式看见未来!也许他能

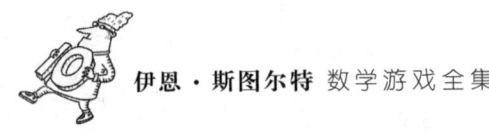

帮上忙!"她不加掩饰地盯着洛基,"不过你得给他一部分利润,你知道,尽管他假装是一个糊涂老头,但他头脑非常清醒,老谋深算说的就是他。"

她很快去而复返,一起出现的还有她的父亲威什斯尼奇斯。"你需要的是胡萝卜。"威什斯尼奇斯说道。

"塔罗牌,父亲,不是胡萝卜①。"斯尼奇斯威舍回答道。

"或者用土豆,"老人继续说道,他虽然老,但却一点儿也不糊涂,"土豆占卜术最近很流行,它是蔬菜占卜术的一种。你知道的,用新鲜的土豆是最好的,但是现在还不是新土豆上市的季节。我会用我的塔罗牌代替。"

他从一个陶瓷花瓶后面拿出一副塔罗牌,像一个赌场庄家一样熟练地洗牌、发牌。"嗯,愚者②,而且是倒立的。今天能见度不太好,"他说,"我认为是来自燧石厂的粉尘迷了我的眼。如果用点银子开眼,大概就能看清了。可惜啊,我好像没准备……我想你大概也没准备……哦哦哦,你可真是太大方了!我得丑话说在前头,在仪式之后,我将不得不保留这些银币。它们吸收了魔力,如果你不是训练有素的奇术士,携带它们是非常危险的。好吧,不必提了,你真是太慷慨了。现在,嗯……啊,我感觉到有一条信息传来,来自……方形轮子的战车、石化的隐士所代表的那一年……对,1983年。倒吊人,

---

① 塔罗牌(tarot)和胡萝卜(carrot)发音类似。——译者注
② 愚者和后面的战车、隐士、倒吊人、塔、恶魔、月亮、节制等都是各张塔罗牌的名称。——译者注

塔……你的问题将会由卡尔索（William Kalsow）和罗森堡（Bryan Rosenburg）来解答；诺尔（Landon Noll）和贝尔（David Bell）也会独立给出答案。斯尼奇斯威舍，把这个记下来。从一个选定的点出发，向东走546步，向北走272步；再向东走155步，向南走540步……"他继续讲着，直到完整描述了最小的6-簇（图6.6）中各点的坐标情况。

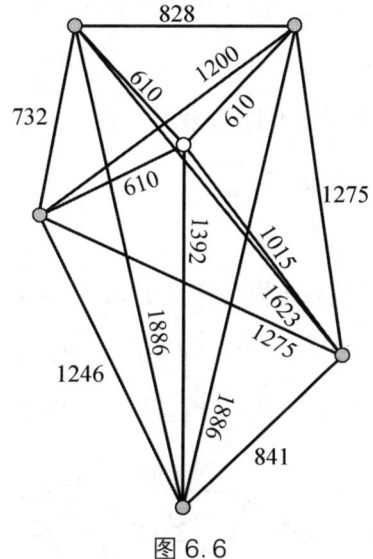

图6.6

最小的6-簇具有坐标(0,0),(546,272),(132,720),(960,720),(546,-1120),(1155,-540)，它可以被包含在半径为1275的圆内

"太棒了！"内德说道。

"我不太确定，这有点大了，"洛基说，"我不确定塞恩斯伯里平原上有没有空间能放下间隔这么远的祭坛。你就不能弄个小一点的吗？"

"如果你们想要一个位于整数格点上的6-簇，那没办法，"老人说,"这个已经是最小的了。但如果你们不要求它位于整数格点上,一个6点集也行,那么它可以更小些。"

"我们不要求在整数格点上。试试吧。哦,对了,再多给您点银子——这是理所当然的,别在意,小小意思而已。"

老人洗了洗牌,然后又发了一轮牌。"上方是新月,下方是女恶魔,左边是节制,右边是'无名'……"最后这张牌他说得很轻。

"无名?"

"内德,那是收税人,不过从来没人这么说,因为那样会带来厄运。"斯尼奇斯威舍小声说道。

"哦。抱歉,我——"

"嘘!我得把接下来这些内容记下来,挺复杂的。"于是,斯尼奇斯威舍费力地记下了图6.7所示的6点集的详细情况。1989年,凯姆尼茨(Arnfried Kemnitz)证明了这是可能存在的最小的6点集。

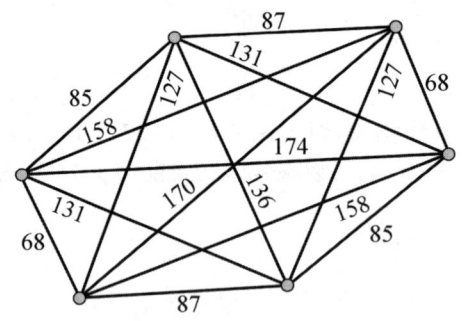

图6.7 最小的6点集,它比任何6-簇都要小

"一个簇里的点数有限制吗?"内德鲁莽地问道。洛基踢了他小腿一下,又递过去几枚银币。

"目前还不知道有什么限制。"

"哦。那说不定会存在一个无穷大的簇呢?"内德一边灵活地躲开洛基的脚,一边问道。但斯尼奇斯威舍替她父亲回答了。"不会的,"她说,"很早以前就已经证明过了,而且数字命理学家们都很清楚这一点。"

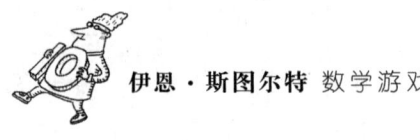

问　　题

3. 证明:不存在无穷大的簇。

(注意:这个问题相当难。)

树神与冒险的生意

"那就好，"洛基说，"至少牧师们不能要求我们为他们建造无穷多个祭坛。"

"那7-簇呢？"内德问。洛基叹了口气，但并没有动一下脚趾。

"目前还不知道。"威什斯尼奇斯沉默良久，终于说道。

"不可能存在吗？"他的女儿问道。

"那也不知道。这个问题还没有答案。不过已经知道很多6-簇了，诺尔和贝尔在1989年列出了91个，最大的一个其坐标是$(0,0)$，$(12\,852, 8736)$，$(-7480, -15\,015)$，$(-4256, -17\,433)$，$(-17\,776, 2457)$，$(0, -18\,753)$。他们确实证明了不存在能放进半径为20 936的圆内的7-簇。所以如果存在一个7-簇，那它一定非常大。"

"幸运的是，"洛基说，"我们不需要知道那个。一个6-簇会让牧师们满意。我现在要去投标建造6个祭坛，象征树神威洛的6条主根。"

"树神威洛的6条主根？"斯尼奇斯威舍重复道，"这就是为什么必须是6个祭坛吗？"

"牧师是这么说的。"

"有趣，"斯尼奇斯威舍说，"哦，可能没关系。他们一定是忘了。只要他们不检查，就没问题。不过，大祭司莫洛克是个非常注重细节的人。"

"检查？"洛基问道。

"检查什么？"内德补充道。

"嗯，实际上，树神威洛有7条主根。"

一阵长长的沉默。"我告诉过你……"内德开口道。洛基瞪了他一眼。"没有能放进半径为 20 936 的圆内的 7-簇,嗯?"内德继续说道,试图转移话题。

石匠公会会长洛基双手抱头,大声哀号起来。

答　案

1. 这些坐标为$(0,0)$,$(16,30)$,$(-16,30)$,$(0,-33)$,$(56,0)$。

2. 图6.7就是一个例子。

3. 我们证明所有具有整数距离的无穷格点集都是共线的。假设我们有一个格点集,其中包含三个不共线的点A、B、C。设k是AB、BC中较大的距离。我们声称最多有$4(k+1)$个点P,使得$PA-PB$和$PB-PC$都是整数;这意味着整个点集必须是有限的。

现在我们证明这个命题。根据三角形不等式,$|PA-PB|<AB$,因此它取$0,1,2,\cdots,k$中的一个值。所以P位于以A和B为焦点的$k+1$条不同双曲线中的某一条上(图6.8)。类似地,它位于以B和C为焦点的$k+1$条不同双曲线中的某一条上。这些双曲线族最多相交于$(2k+2)^2=4(k+1)^2$个点。

(接下页)

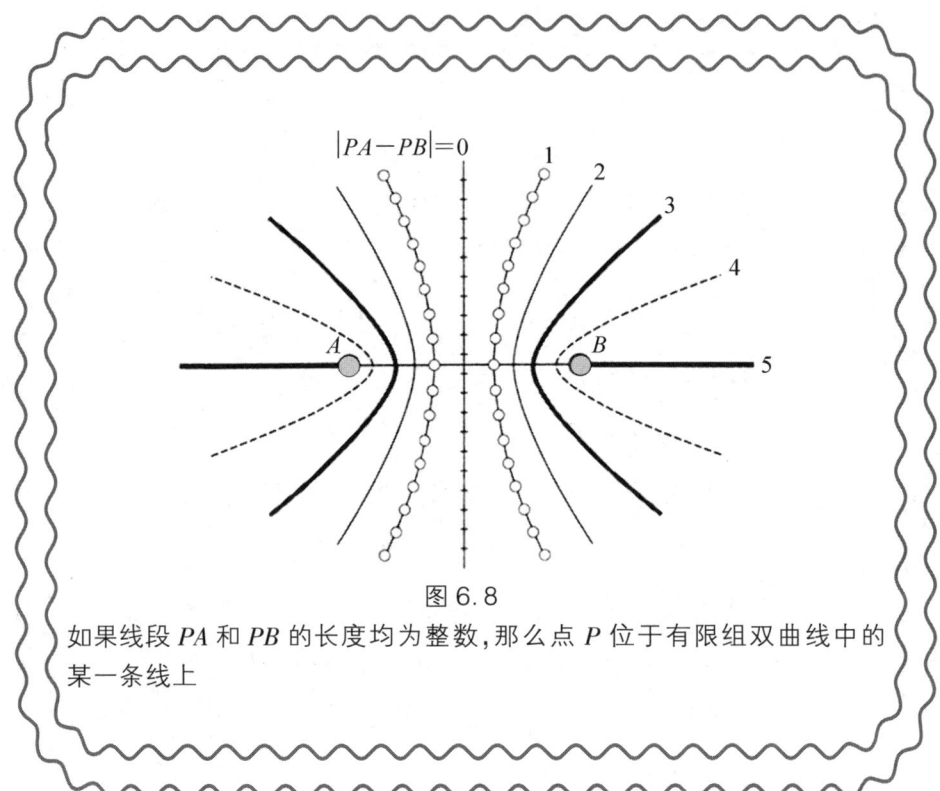

图 6.8
如果线段 PA 和 PB 的长度均为整数,那么点 P 位于有限组双曲线中的某一条线上

第 1 章
音律和谐的计算器

树神与冒险的生意

"**多**么美妙的、来之不易的宁静!"格尼喃喃道。

"别这么挑剔,老古板,"迪尔德丽说,"我觉得《野鸡拔毛之歌》相当不错。"

"也许吧,"格尼闷闷不乐地说,"但它与'喝醉了的睡鼠'酒吧的氛围不搭。我就知道换新老板不是什么好事。"

格尼性格古怪、身材圆润,他喜欢发明东西,但大多数发明都以失败告终。"喝醉了的睡鼠"是曼彻斯特东部一家非常古老的酒吧,从外面看,它像是一个灰色的石盒子,招牌上画着一只穿着毛皮大衣的猪。七年前,格尼在发明一种能将油转化为糖浆的细菌时发现了这个地方,从那以后,他就表现得好像自己是这里的老板一样。在这个酒吧里,从周一到周六,可敬的兰开夏郡人会隔着啤酒杯互相冷冷地看着,玩着推硬币游戏,就像他们一直以来做的那样。但在新老板接手后,周五晚上成了音乐之夜,一群当地的小伙子和姑娘会来唱歌弹吉他,每次持续几个小时。

"不管怎样,"格尼接着说,"那个吉他手总是把手指弄混。就在最……"

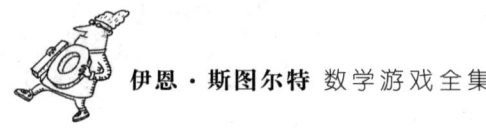

"他只弄混过一次,"我打断他,"他的手指很粗,在高音区,当品格①间距变窄时,他就会遇到麻烦。"

"那他应该换一把品格间距更大的吉他。"

"我觉得那样不行。"迪尔德丽说。

"不,确实不行,"我证实道,"品格间距之所以这样,是有很好的原因的。"

"我想是为了让音符听起来正确,"迪尔德丽说,我点了点头。

"但我不明白为什么音符越高,品格间距越小。"她补充道。

"振动弦的基础物理学。"格尼傲慢地说。与此同时,我说"数学"。我的语气可能同样傲慢,但我对自己的缺点不甚了解,所以不能肯定地告诉你。

"我对数学或物理学不太感兴趣,"迪尔德丽说,"太不人性化了。我更喜欢人文方面的东西,比如历史和艺术。"

"音乐让我着迷的地方,"我说,"在于它融合了所有这些门类:科学、艺术、文化、历史……事实上,音乐是最古老的科学之一。正是音乐,比其他任何东西都更让毕达哥拉斯学派相信,宇宙是一个由数字统治的和谐空间。"

"音乐是一门科学?"迪尔德丽惊讶地说。格尼立刻振作起来,他喜欢任何科学的东西,但他的知识有很大的漏洞。于是,在接下来的

---

① 吉他的品格(Fret)是指吉他指板上镶嵌的金属条(或其他材料的条状物)之间的部分。这些金属条被称为品丝,它们将指板划分成一个个小的区域,也就是品格。从琴头方向开始,第一个品格是最靠近琴头的部分,依次往后编号。例如,在一把常见的民谣吉他上,通常有18—22个品格。品格的概念在下文会反复出现。——译者注

一个小时左右,我从数学探索的角度,带他们领略了音乐的魅力。

当今的西方音乐基于音符构成,通常用字母 A—G 表示,还有升号(#)和降号(♭)等符号。例如,从 C 开始,连续的音符是

$$C\;{C^\# \atop D^\flat}\;D\;{D^\# \atop E^\flat}\;E\,F\;{F^\# \atop G^\flat}\;G\;{G^\# \atop A^\flat}\;A\;{A^\# \atop B^\flat}\;B\,C$$

最后又回到 C,但高了一个八度。在钢琴上,白键就是 C、D、E、F、G、A、B,黑键是那些带升号和降号的音符。这是一个非常奇特的系统:有些音符似乎有两个名字,而其他音符,如 B#,则根本没有出现。

当然,我们不能只看表象,而是要透过带有欺骗性的表象,看到更深层次的事实。

当今的音乐系统经过了漫长的发展过程,是相互冲突的要求之间的妥协,所有这些都可以追溯到古希腊的毕达哥拉斯学派。为了方便起见,在举例时我将使用现代记谱法,但纯粹主义者会正确地指出,我混淆了一些略有不同的概念。

在公元 150 年前后,古希腊学者托勒玫(Claudius Ptolemy)的学术成就达到巅峰。他以天文学和地理学著作而闻名,不过他也写了一本关于音乐理论的书,名为《谐和论》(*Harmonics*)。在这本书中,托勒玫描述了毕达哥拉斯学派的观点,即音高之间的距离可以用整数比来表示。他们使用一种相当简陋的装置——卡农(canon,图 7.1),一种单弦琴,并通过实验来证明这一点。

与整根弦弹出的音符相比,如果你沿着卡农滑动可移动的琴桥,

某些位置似乎会产生比其他位置更和谐的音符。最基本的这样的距离是八度：在钢琴上，它是8个白键的间隔。在卡农上，它是整根弦[图7.1(a)]弹出的音符的音高与长度正好为一半的弦[图7.1(b)]弹出的音符的音高之间的距离。因此，产生给定音符的弦长与产生其高八度音符的弦长之比为2:1。这个比例与原始音符的音高无关。其他整数比也会产生和谐的音符。主要的有四度，比例为4:3[图7.1(c)]；五度，比例为3:2[图7.1(d)]。从主音C开始，它们分别是：

你可能会看出这些名字的由来。其他距离是由这些基本构建块组合而成的。

据说，为了创建一个和谐的音符，毕达哥拉斯学派从主音开始，每次升五度。这产生了一系列由弦长比例为 $1, \left(\frac{3}{2}\right), \left(\frac{3}{2}\right)^2, \left(\frac{3}{2}\right)^3,$ $\left(\frac{3}{2}\right)^4, \left(\frac{3}{2}\right)^5$ 或 $1, \frac{3}{2}, \frac{9}{4}, \frac{27}{8}, \frac{81}{16}, \frac{243}{32}$ 的弦演奏的音符。这些音符中的大多数都在一个八度之外，也就是说，比例大于2:1。但是我们可以通过不断降八度（连续除以2），让比例处于1:1和2:1之间。然后我们将这些比例按数值顺序重新排列，得到：

$$1 \quad \frac{9}{8} \quad \frac{81}{64} \quad \frac{3}{2} \quad \frac{27}{16} \quad \frac{243}{128}$$

在钢琴上，这些大致对应于音符C、D、E、G、A、B，正如符号所示，

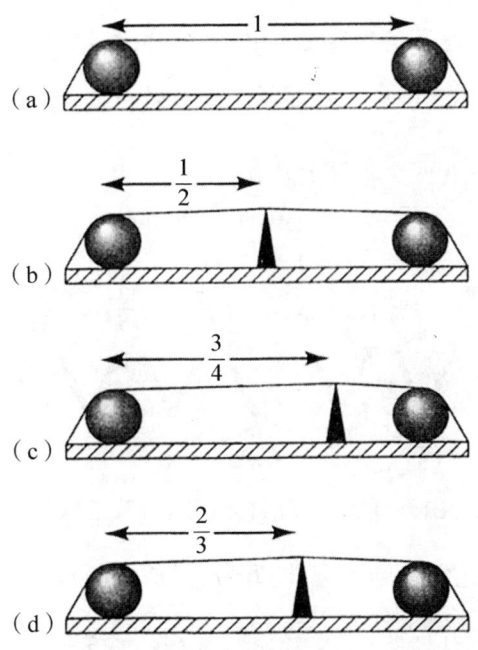

图 7.1 古希腊人用来研究音乐比例的实验装置,称为卡农 (a) 完整的琴弦发出基音;(b) 长度为原琴弦一半(比例为 2:1)的琴弦发出比基音高一个八度的音;(c) 长度为原琴弦 $\frac{3}{4}$(比例为 4:3)的琴弦发出比基音高一个四度的音;(d) 长度为原琴弦 $\frac{2}{3}$(比例为 3:2)的琴弦发出比基音高一个五度的音

这里缺少了一些东西!$\frac{81}{64}$ 和 $\frac{3}{2}$ 之间的间隔听起来比其他间隔"更大"。我们可以巧妙地插入四度,比例为 4:3,这在钢琴上是音符 F。实际上,如果我们从主音降一个五度,在序列前面加上比例 $\frac{2}{3}$,然后升一个八度,即得到 $2 \times \frac{2}{3} = \frac{4}{3}$。

由此产生的这些音符构成了一组音阶，大致对应于钢琴上的白键，如图7.2所示。最后一行显示了连续音符之间的距离，也用比例表示。这里恰好有两个不同的比例：全音 $\frac{9}{8}$ 和半音 $\frac{256}{243}$。

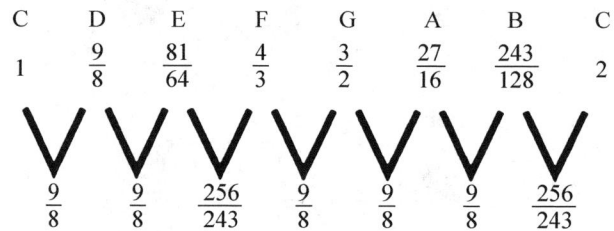

图7.2 完全由五度和八度所构成的音符，近似于钢琴的白键

正是在这里，钢琴的黑键，即升号音符和降号音符，发挥了作用。两个半音的间隔是 $\left(\frac{256}{243}\right)^2$ 或 $\frac{65\,536}{59\,049}$，其值约为1.11。一个全音的比例是 $\frac{9}{8}=1.125$。它们并不完全相同，但尽管如此，看起来两个半音似乎构成了一个全音。这意味着音阶中存在间隙：每个全音间隔必须分成两个间隔，每个间隔应该尽可能接近半音。

有各种方案可以做到这一点。所谓的半音阶从分数 $\left(\frac{3}{2}\right)^n$ 开始，其中 $n=-6,-5,\cdots,5,6$，通过反复乘以或除以2，将它们调整到同一个八度内，然后按顺序排列，结果如图7.3所示。每个升号与它下面的音符的比例是 $\frac{2187}{2048}$，并从该音符得名；每个降号与它上面的音符的比例是 $\frac{2048}{2187}$。这里有一个小问题，两个音符 F$^\#$ 和 G$^\flat$ 试图占据同一个位置,但它们彼此略有不同。还有许多其他方案,也导致了升号和降号之间的区别,但它们都涉及一个 12 音符的音阶,非常接近由钢琴的白键和黑键形成的音阶。

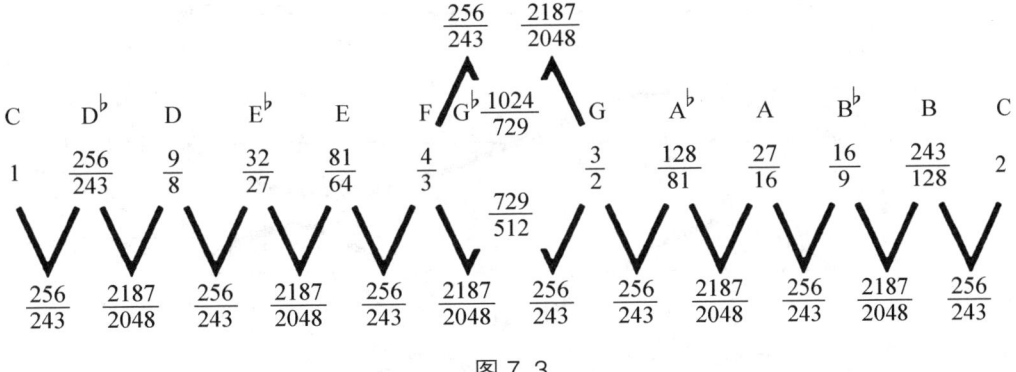

图 7.3
包含黑键(升号#和降号♭)在内的 12 个音符的半音音阶。两个音符 F# 和 G♭ 试图占用同一个位置

"啊,"格尼说,"这一切都有很好的物理原因,你知道的。"

"你是说波形……"

"听着,伊恩,你已经不停地讲了半个小时了。轮到我了!"我道歉后,他接着讲下去。

"你看,迪尔德丽,当一根弦振动时,它会形成驻波(图 7.4)。而且你必须在两端之间容纳整数个波长,所以这就是毕达哥拉斯整数发挥作用的地方。当你在吉他上弹奏一个音符时,你得到的不仅仅是弦上的一个单波,还会得到含有两个波、三个波、四个波等的谐波。它们共同作用,产生更丰富的声音。

"现在,如果你将两个波长略有不同的波叠加在一起,会在它们相互加强的地方会产生拍频(图7.5)。那些声音对耳朵来说听起来相当不舒服。"

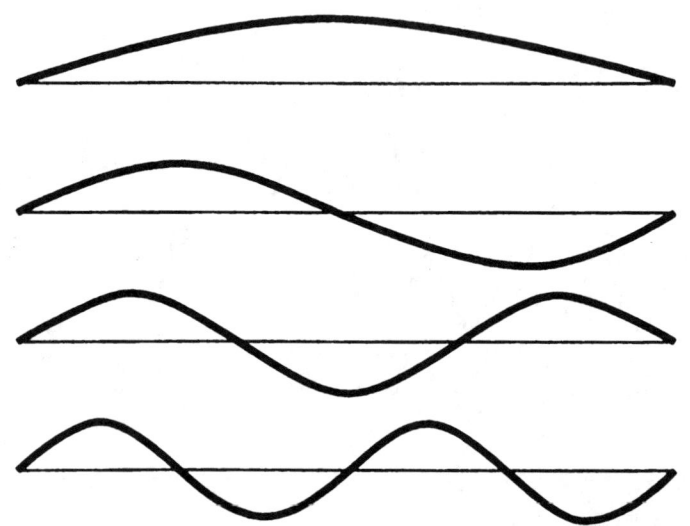

图7.4 弦的振动形成了稳定的正弦波,弦的长度是波长的整数倍

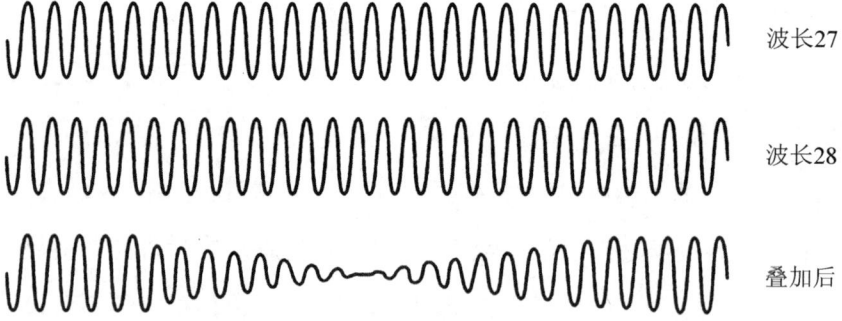

图7.5 波长略有不同的振动波相结合后,形成了令人不愉快的节奏

"我认为这可能与耳膜的非线性响应有关,"我插话道,"可能有生理原因……"

"如果谐波产生拍频,也会出现同样的问题。避免这种情况的最简单方法是使用波长为简单数字比例的音符,比如 $\frac{3}{2}$ 或 $\frac{4}{3}$。所以这也是毕达哥拉斯比例的由来。"

"有道理。"迪尔德丽说。

"是的,"我说,"但我仍然认为你必须考虑人耳的实际情况……"

格尼在桌子底下踢了我一脚,说道:"1877 年,亥姆霍兹(Hermann von Helmholtz)很好地验证了这一理论。他研究了谐波之间的拍频,并利用它们来预测两个音符之间的不和谐程度会如何随它们之间的比例而变化。它与人类志愿者的心理判断非常吻合。"(图 7.6)。

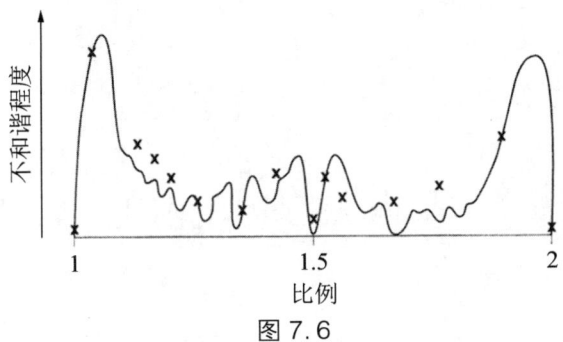

图 7.6

亥姆霍兹对不和谐音的理论曲线(实线)与人类观察者评估结果(交叉点)的比较

"我说你必须考虑人耳的实际情况……"

"格尼,我想再来一杯葡萄酒。"迪尔德丽机智地说,打发他去拿一杯,以免我的小腿被踢残了。这给了我时间再次接过话题。

正如我向迪尔德丽解释的那样,半音音阶中出现问题,以及有许多不同的构建音阶方案的原因是，基于毕达哥拉斯的 $\frac{3}{2}$ 和 $\frac{4}{3}$ 比例，不可能构成"完美"的 12 音符音阶。我所说的完美音阶是指比例为 $1, r, r^2, r^3, r^4, \cdots, r^{12} = 2$，且 r 是常数的音阶。

毕达哥拉斯比例只涉及素数 2 和 3，每个比例都是 $2^a 3^b$ 的形式，其中 a 和 b 是各种整数。例如，$\frac{243}{128} = 2^{-7} 3^5$。假设 $r = 2^a 3^b$ 且 $r^{12} = 2$，那么 $2^{12a} 3^{12b} = 2$，所以 $2^{12a-1} = 3^{-12b}$。但是，根据素因数唯一分解定理，2 的一个整数次幂不可能等于 3 的一个整数次幂。

问　题

1. 如果音阶的音符数量不是12,或者如果我们允许比例中出现其他素数,这会对上述论证有影响吗?

素数的这个性质使得基于毕达哥拉斯的整数和谐原则的音乐音阶无法实现，但这并不意味着我们找不到方程 $r^{12}=2$ 的解，即：
$$r = \sqrt[12]{2} = 1.059\,463\,094\cdots$$
由此产生的音阶被称为等音音阶。

如果你在中间某个地方开始演奏毕达哥拉斯音阶——换句话说，如果你变调——那么音程序列会略有变化。等音音阶没有这个问题，所以如果你想在同一乐器上演奏不同的调，那么等音音阶就很有用。某些乐器只能演奏固定音程，如钢琴和吉他。这类乐器通常使用等音音阶。毕达哥拉斯半音间隔是 $\frac{256}{243}=1.053\,49\cdots$，接近 $\sqrt[12]{2}$，所以等音音阶的基本间隔也被称为半音。

迪尔德丽想了一会儿，说"你说对于振动弦，音乐间隔由长度比给出。那么这对于吉他品格位置的影响关系是什么呢？"

"嗯，"我说，"想想沿着琴弦的第一个品格，对应于音高增加一个半音。允许振动的弦弦长必须是整根弦弦长的 $\frac{1}{r}$ 倍。所以到第一个品格的距离是整根弦弦长的 $1-\frac{1}{r}$ 倍。要得到下一个距离，你只需注意到一切都缩小为原来的 $\frac{1}{r}$，所以相邻品格的间距比例是 $1, \frac{1}{r}, \frac{1}{r^2}, \frac{1}{r^3}$ 等等。由于 r 大于 1，所以 $\frac{1}{r}$ 小于 1，这意味着相邻品格位置的距离会变小。"（图 7.7）。

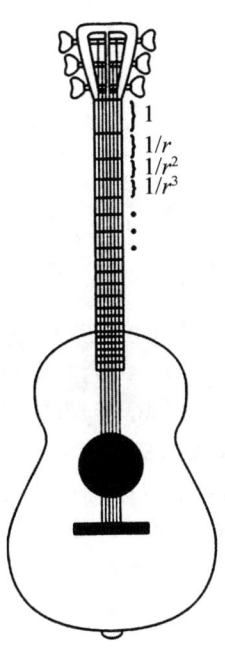

图 7.7　吉他相邻品格的距离随着音高的增加而缩小

格尼拿着一杯干白葡萄酒、两瓶福斯迪克最佳苦啤酒和三包牛肚洋葱味薯片回来了,他非常喜欢这些薯片,而迪尔德丽和我却很讨厌。他总是买这些薯片,因为这样他就可以吃完全部。现在他又恢复了往常的愉快心情,开始大谈特谈毕达哥拉斯学派的人发现他们优美的数学理论存在缺陷时,一定非常尴尬。

我指出,当古希腊人面对像 $\sqrt[12]{2}$ 这样不能写成精确分数的无理数时,他们通常求助于几何。根据传统,古希腊几何非常强调那些只能用直尺和圆规构造的长度。例如,平方和平方根可以这样构造(图 7.8)。

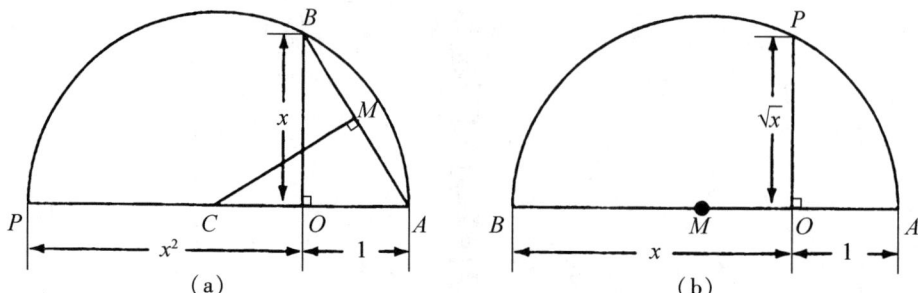

图 7.8 使用尺规作图在给定单位长度的线段上构造其平方和平方根
（a）构造平方：作一个直角三角形 AOB，其中 $OA=1,OB=x$。找到 AB 的中点 M，作 MC 垂直于 AB 并延长到 AO 延长线上的 C 点。以 C 为圆心作一个经过 A 的半圆，与 AO 的延长线相交于 P 点，那么 OP 的长度为 x^2；（b）构造平方根：作一条线段 AOB，其中 $OA=1,OB=x$。找到 AB 的中点 M，作一个以 M 为圆心经过 B 和 A 的半圆，作 OP 垂直于 AB 并与半圆相交于 P 点，那么 OP 的长度为 $\sqrt{x}$

问　题

2. 古希腊数学中的"倍立方体"问题要求用直尺和圆规构造 $\sqrt[3]{2}$。我们现在知道这样的构造不存在(我们也怀疑对直尺和圆规的强调不像许多历史书所说的那么强烈，但那是另一回事)。由此证明：用直尺和圆规也无法构造 $\sqrt[12]{2}$。

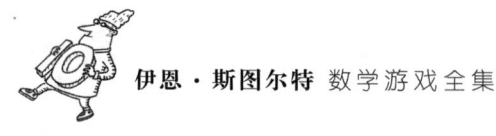

"是的,但是,"迪尔德丽指出,"你说过等音音阶是一种妥协,是一种近似。而且真正的四度,比例为4∶3,实际上听起来比等音音阶的四度更和谐。例如,歌手会觉得它更自然。"

一阵沉默。"你知道这些。"我说。

"是的,我在哈德斯菲尔德理工学院学习过音乐理论。但你解释得那么好,我不想打断你。"

奥利弗开始笑,然后当他意识到她一定也听说过亥姆霍兹时又停了下来。迪尔德丽接着说:"我想说的是,既然等音音阶只是一种妥协,难道没有一些近似的几何构造来告诉你在吉他上设置品格的位置吗?"

这又让我开始讲起来:"你看,它不仅有这样一种近似的构造,而且还有一段非常奇特的历史。这个故事展示了数学的深刻和优雅,但也是一个令人谦卑的故事:数学家不经意的夸夸其谈,无意中忽视了音乐人的实践真知。"

"哦,太好了!"迪尔德丽说,奥利弗的眼睛也亮了起来——尽管那可能是因为啤酒,"快说说看。"

在16世纪至17世纪,找到在乐器(如鲁特琴和古提琴,而不是吉他)上设置品格的几何方法是一个严肃的实际问题。1581年,伟大的伽利略·伽利雷(Galileo Galilei)的父亲文森西奥·伽利雷(Vincenzo Galilei)提倡使用近似值$\frac{18}{17}=1.05882\cdots$,并由此引出了非常实用的、在后续几个世纪中被广泛使用的方法。1636年,数学家梅森（Marin Mersenne，他因提出形式为 2^{p-1} 的"梅森素数"而被载入数学史册）用比例 $\dfrac{2}{3-\sqrt{2}}$ 来近似一个四度。随后，通过两次取平方根，他得到了半音音阶的一个更好近似值：

$$\sqrt{\sqrt{\left(\dfrac{2}{3-\sqrt{2}}\right)}}=1.059\,73\cdots$$

对于实用来说，这肯定足够接近了。这个公式只涉及平方根，因此可以用几何方法构造。然而，在实践中实现这个构造很困难，因为容易累积误差。需要一种比文森西奥·伽利雷的近似值更准确，但比梅森的近似值更容易应用的方法。

1743 年，毫无专业数学背景的工匠斯特拉赫（Daniel Strähle）在《瑞典科学院院刊》（*Proceedings of the Swedish Academy*）上发表了一篇文章，提出了一种简单实用的构造方法（图 7.9）。你可能想尝试一下，并与实际乐器的测量结果进行比较。但它的准确性如何呢？几何学家兼经济学家法戈（Jacob Faggot）进行了三角计算以找出答案，并将其附在斯特拉赫的文章后面，得出的最大误差为 1.7%，这大约是音乐家认为可接受的误差的 5 倍。

法戈是瑞典科学院的创始成员之一。他在其中担任了三年秘书，并在《瑞典科学院院刊》上发表了 18 篇文章。1776 年，他在科学院排名第四，当时在他前面排名第二的是建立了动植物分类基本原则的植物学家林奈（Carl Linnaeus）。所以当法戈宣称斯特拉赫的方法不够准确时，事情就这么定了。例如，马尔普格（F. W. Marpurg）

1776年的《音乐音律论》(*Treatise on Musical Temperament*)列出了法戈的结论,但没有描述斯特拉赫的方法。

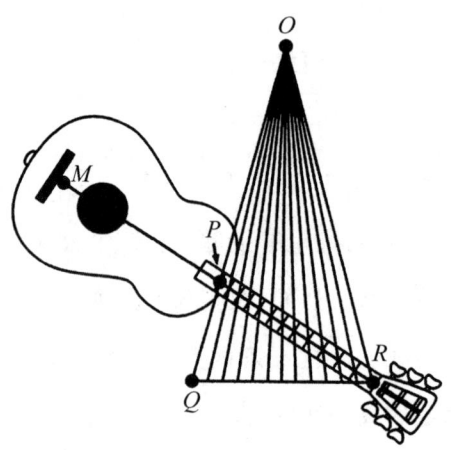

图 7.9　斯特拉赫的构造方法

令 QR 的长为 12 个单位长度,并分成 12 个长度为 1 的等间距区间。找到点 O,使得 OQ=OR=24,连接 O 与 QR 上的等间距点。使 P 位于 OQ 上,且 PQ 的长为 7 个单位长度。画出 RP 并延长到 M,使得 PM=RP。如果 RM 是主音频率,PM 是比它高八度的音,那么 RP 与引自 O 的连续 11 条射线的交点就是八度音内连续半音的位置,即 R 和 M 之间的 11 个品格

直到 1957 年,密歇根州立大学的巴伯(J. M. Barbour)才发现法戈犯了一个错误。

法戈首先计算出主三角形的底角∠ORQ 为 75°31′。由此他可以计算出 RP 的长度和∠PRQ 的角度。由底边发出的 11 个在主三角形顶部形成的角度也可以毫不费力地计算出来,然后很容易就能找到沿着 RPM 线截取的长度。

然而,法戈计算出的∠PRQ 为 49°14′,而实际上它是 33°32′。正如巴伯所说,这个错误"是致命的,因为∠PRQ 在求其他每个三角形

时都被用到,并且对它们都产生了同样有害的影响"。这个错误相当于使 PQ 等于 8.6 而不是 7。最大误差从 1.7% 降低到 0.15%,这是完全可以接受的。

到目前为止,这个故事让数学家们颜面尽失(甚至数学本身都因此蒙羞了)。要是法戈当时费心去测量一下 $\angle PRQ$ 就好了!但巴伯更进了一步,探究为什么斯特拉赫的方法如此准确;他的发现是数学揭示表面巧合背后原因的能力的一个美丽例证。(我应该立即说明,没有迹象表明斯特拉赫本人采用了类似的推理思路,众所周知,他的方法是基于工匠的直觉而不是任何特定的数学原理。我们能看到,他的直觉非常好!)

沿着直线 MPR 的第 n 个品格的间距可以在图上表示[图 7.10(a)]。我们将图 7.9 中的直线 QR 取为 x 轴,点 Q 取为原点,点 R 在 $x=1$ 处。下面移动 MPR,使其成为 y 轴,点 M 在原点,点 P 在 $y=1$ 处,点 R 在 $y=2$ 处。连续的品格沿着 y 轴设置在点 $1, r, r^2, \cdots,$ r^{11} 处,其中 $r^{12}=2$ $\Bigg($请注意,这与上面提到的比例 $\dfrac{1}{r}, \dfrac{1}{r^2}, \cdots,$ 不同,因为我们是从弦的另一端开始计算的$\Bigg)$。

从数学的角度看,我们可以称斯特拉赫的构造为从直线 QR 上一组等距点到直线 MPR 上所需点的投影,中心为 O。通过简单的几何论证可以表明,这样的投影总是具有代数形式 $y=\dfrac{ax+b}{cx+d}$,其中 $a, b,$ c, d 是常数,这被称为分式线性函数。对于斯特拉赫的方法,常数为

$a=10, b=24, c=-7, d=24$：投影将 QR 上的给定点 x 变换为 MPR 上的点 $y=\dfrac{10x+24}{-7x+24}$。我将这个公式称为斯特拉赫函数,但我们必须记住,斯特拉赫本人并没有写下它——它只是他的几何构造的代数表达式。然而,它是解决问题的关键。

如果构造是精确的,我们将有 $y=2^x$。那么 QR 上的 13 个等距点 $x=\dfrac{n}{12}$（其中 $n=0,1,2,\cdots,12$）将被变换为直线 MPR 上的点 $2^{\frac{n}{12}}=(2^{\frac{1}{12}})^n=r^n$,这是精确的,符合等音音阶预期。

但它并不完全精确,尽管巴伯的计算表明它非常准确。为什么呢？线索是找到在 $0 \leqslant x \leqslant 1$ 范围内对 2^x 的最佳近似,且形式为 $\dfrac{ax+b}{cx+d}$。一种方法是要求两个表达式在 $x=0, \dfrac{1}{2}, 1$ 时一致［图 7.10(b)］。这给出了 3 个方程来求解 a,b,c,d,即：

$$\dfrac{b}{d}=1$$

$$\dfrac{\dfrac{a}{2}+b}{\dfrac{c}{2}+d}=\sqrt{2}$$

$$\dfrac{a+b}{c+d}=2$$

乍一看,我们似乎还需要一个方程,才能解出这 4 个未知数,但实际上我们只需要 $\dfrac{b}{a}, \dfrac{c}{a}$ 和 $\dfrac{d}{a}$ 的比例,所以 3 个方程就足够了。

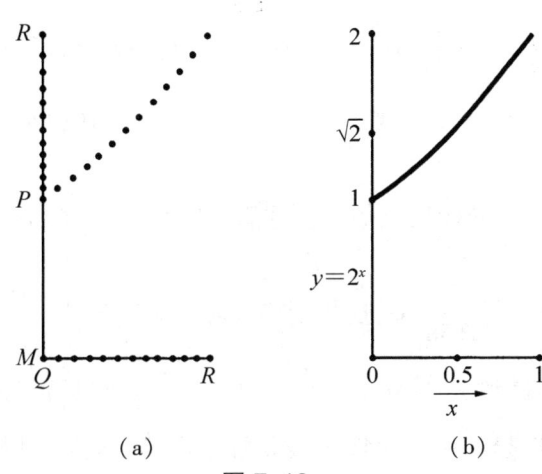

图 7.10
(a) 表示斯特拉赫构造方式的图形;(b) 将分数线性函数拟合到 $x=0$, 0.5,1 三点上的图形

这种方法得到的值为

$$a = 2-\sqrt{2}$$
$$b = \sqrt{2}$$
$$c = 1-\sqrt{2}$$
$$d = \sqrt{2}$$

所以 2^x 的最佳分式线性近似形式为

$$y = \frac{(2-\sqrt{2})x+\sqrt{2}}{(1-\sqrt{2})x+\sqrt{2}} \tag{1}$$

"这看起来和斯特拉赫的函数不太像。"迪尔德丽说。

对于这一点,我表示同意,"但现在是最后,也是最巧妙的变化。"

"你把 $\sqrt{2}$ 换成某个近似值。"格尼建议。

"嗯,我实际上不打算完全那样做。巴伯所做的是根据$\sqrt{2}$的近似值$\frac{58}{41}$来估计误差,舍恩伯格(Isaac Schoenberg)在1982年写关于这个问题的文章时也同样这么做了。你看,如果你在式(1)中用$\frac{58}{41}$代替$\sqrt{2}$,你会得到$\frac{24x+58}{-17x+58}=2$,这与斯特拉赫的函数不同。

"既然你提到了,那我们不妨一试。我怀疑它是否可行,但让我们看看。"我抓起一张餐巾纸,从格尼那里借了一支笔,开始潦草地计算。数学家的工具是铅笔和纸,因此,没有一个数学家会随身携带它们,他们总是不得不借一支笔,在餐巾纸上涂鸦。

曙光开始出现了。

有一系列有理数可以逼近$\sqrt{2}$。一种得到它们的方法是从方程$\frac{p}{q}=\sqrt{2}$开始,然后平方得到$p^2=2q^2$。因为$\sqrt{2}$是无理数,你找不到满足这个方程的整数p和q(更准确地说,因为你找不到满足这个方程的整数p和q,所以$\sqrt{2}$一定是无理数)。但是你可以通过寻找整数p和q,使得p^2接近$2q^2$来逼近它。最好的逼近是那些误差最小的,也就是说,方程$p^2=2q^2\pm1$的解。例如,$3^2=2\times2^2+1$,$\frac{3}{2}=1.5$是适度接近$\sqrt{2}$的。下一个情况是$7^2=2\times5^2-1$,得到$\frac{7}{5}=1.4$,更接近了。接下来是$17^2=2\times12^2+1$,得到近似值$\frac{17}{12}=1.4166\cdots$,更接近了。你可以永远继续下去，要知道，有个数学理论涉及连分数和佩尔方程之类的东西，十分优雅。

我的涂鸦揭示了以下内容。将式(1)的分子和分母除以2，并将其重写为等价公式

$$y = \frac{x + \frac{1}{\sqrt{2}}(1-x)}{\frac{x}{2} + \frac{1}{\sqrt{2}}(1-x)} \tag{2}$$

然后用近似值 $\frac{17}{12}$ 代替 $\sqrt{2}$，这样 $\frac{1}{\sqrt{2}}$ 就变成 $\frac{12}{17}$。这就得到了：

$$y = \frac{x + \frac{12}{17}(1-x)}{\frac{x}{2} + \frac{12}{17}(1-x)} \tag{3}$$

最后，将这个式子简化为 $y = \frac{10x+24}{-7x+24}$，这正是斯特拉赫的公式！

所以斯特拉赫的构造非常准确，因为它有效地结合了两个好的近似：

对 2^x 的最佳分式线性近似是式(1)。

斯特拉赫的函数是从式(1)通过用优秀的近似值 $\frac{17}{12}$ 代替 $\sqrt{2}$ 得到的。上述各种近似的误差比较如图7.11所示。最大的误差是法戈的！

"所以，"我总结道，"多亏了巴伯的数学–历史探究工作，我们现在不仅知道斯特拉赫的方法极其准确，也对它为什么如此准确有了

很好的理解。它与近似理论和数论的基本思想有关。"

这就留下了一个没有答案的问题——我担心永远无法回答。这个问题是格尼在消化了一小时的数学知识(外加三包牛肚洋葱味薯片)后提出的。

"这太迷人了,"他说,"绝对了不起。在仅仅218年后,理论专家被挫败,而实践得出的真知得到了平反。不要说这个世界没有正义!如果我在来世遇到斯特拉赫,我会告诉他;我相信他会很高兴自己的名字被洗清。但我真正想问他的是:他到底是怎么想到他的构造的?"

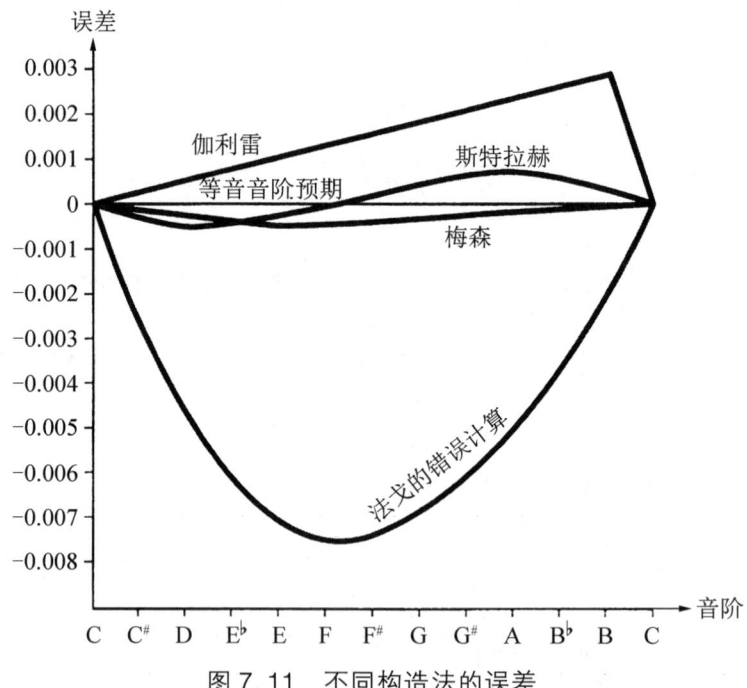

图 7.11　不同构造法的误差

误差是通过取近似值与真值的比值的对数来衡量大小的

答　案

1. 任何有限长度的音阶,若相邻音符间的比率为有理数,都无法精确上升一个八度——唯一的例外是仅按八度上升的音阶。也就是说,当 n 为大于或等于 2 的整数时,方程 $r^n = 2$ 没有有理数解 r。为证明这一点,将 r 写成素数的乘积:$r = 2^a 3^b \cdots p^c$。那么 $r^n = 2$ 意味着 $2^{na-1} 3^{nb} \cdots p^{nc} = 1$。根据素数分解的唯一性,我们必有 $b = 0, \cdots, c = 0$,且 $na = 1$,所以 $n = 1$,$a = 1$,即音阶必须按八度上升。

2. 如果存在用尺规作图法构造 $\sqrt[12]{2}$ 的方法,那么通过两次平方(如同图 7.8 中用尺规作图那样),就能构造出 $\sqrt[3]{2}$,但我们知道这是不可能的。所以不存在用尺规作图法构造 $\sqrt[12]{2}$ 的方法。

第 8 章
好沙发，好搬法

树神与冒险的生意

虫虫一家终于开开心心地搬进了他们的新家,虫爸爸亨利感到内心格外平静,因为他终于说服建筑工人完成了浴室墙壁的瓷砖铺设。"惧内"这个词对虫虫来说是非常冒犯的,所以我们不会用它来形容亨利的常态;但事实上,我们确实可以说虫妈妈安妮-莉达"比较有个性"。如果任由亨利自己做主,他会非常乐意整天翘着尾巴,在电视机前观看《虫虫新闻》的体育版。

但亨利很少能自己做主。

然而现在是个例外。安妮-莉达去购物了,带着虫宝宝沃姆特德去买新紧身衣。所以此刻,虫爸爸蜷缩在他最喜欢的沙发上,那是他们用了多年的沙发,已经像第二层皮肤一样贴合他的身体,一切都很完美——

"亨利!亨利,你在哪里?哦,你在这儿,像往常一样躲起来。亨利,'虫家'正在大减价,你记得的,就是那家根据你自己的设计制作家具的商店。"

"是的,亲爱的。真是个好消息。"亨利说。他知道接下来会发生什么。

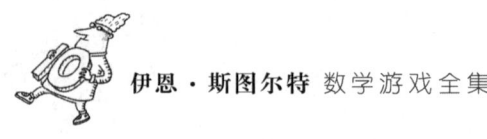

"这是更换那张可怕旧沙发的绝佳机会!"

亨利有两个选择。一是同意更换沙发,另一个是大吵一架然后同意更换沙发。倒不是说亨利为虫有多么乐观,只是作为奉行最优主义的理智虫虫,他很清楚哪种解决方案能让他的内心最平静。"当然。我马上订购一个新的。你想要什么颜色?"

"酸橙绿和紫色波尔卡圆点,"安妮-莉达说,"要与橙色和黄色条纹地毯以及蓝色植绒墙纸搭配粉色雏菊相匹配。但最重要的不是颜色,亨利,而是形状!"

"你想要什么形状,亲爱的? 就我而言,普通的、沙发形状的沙发就很好了,但也许——"

"这就是我拿不定主意的地方,亨利! 你看,我真的想要一个大的——你知道妈妈来的时候,我们几乎没有空间蜷缩!"亨利心想,又一个狡猾的计划泡汤了。"但你还记得搬运工试图把大钢琴搬进洗衣房时遇到的可怕麻烦吗?"亨利记忆犹新:最后他们拆掉了一面墙,还拆开了钢琴。现在洗衣机放在钢琴上面,烘干机则躺在下面。他们把洗衣粉放在钢琴凳里。他完全想不起来安妮-莉达最初为什么要把钢琴放在洗衣房里。"我想要一个足够大的沙发,让我们都能蜷缩在上面,但形状要能让它通过走廊进入客厅。"

这时,亨利的最优主义倾向让他陷入了一生中最大的麻烦。"那么,亲爱的,你应该让沙发在能通过走廊被搬进客厅的前提下,尽可能的大! 走廊各处宽度相同;我记得,唯一真正的障碍是中间那个直角转弯。"

"真是个好主意,亨利!那这个最大的形状会是什么呢?"

"我不知道,我的宝贝,但我相信存在这样一个形状,我会为你找出它是什么。"

几天过去了。

"你想出来了吗,亨利?到周末大减价就结束了!"

"嗯……还没有完全想出来,安妮-莉达……在沙发不旋转的附加条件下,我可以解决这个问题。假设我们走廊的宽度为一个单位,很容易看出,不旋转就能绕过拐角的最大沙发是单位正方形。它在两个方向上都必须适合走廊的宽度。"

"亨利,那不是沙发!那是一张桌子!"

"是的,我的小宝贝,但在我看来,如果你允许沙发转动一定角度,应该有可能让更大的东西绕过拐角。我的下一个想法是使用一个更长但更窄的矩形,让它在绕过拐角时旋转直角。但这并没有带来任何改进……"

问　题

1. 为什么没有改进？能在旋转直角的同时绕过拐角的最大矩形的尺寸和形状是怎样的？

"我的第一个重要成果是,任何连通的(可移动的)沙发的直径都是有界的。我的意思是,亲爱的,任何一个整体的、能够绕过拐角移动的物体,其尺寸都小于某个确定的大小。确切地说,它的最大长度不会超过 $2+2\sqrt{2}$,也就是 4.8284(图 8.1)。这马上意味着它的面积不会超过直径相同的圆的面积,即 $(3+2\sqrt{2})\pi = 18.3105$;但经过更深入的思考,我很快将这个结果改进为 $2\sqrt{2} = 2.8248$。"

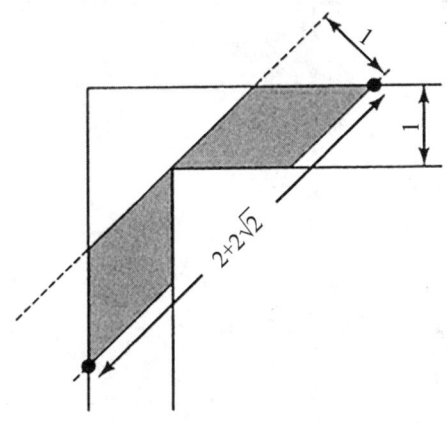

图 8.1

当沙发倾斜 45°时,它必须位于走廊内,并且位于与虚线平行并相距 1 个单位长度的两条线之间;如果斜线的斜率降低,阴影区域将会断开;因此这个位置给出了最大可能的长度

"然后我以为我有了突破,"亨利带着一丝自豪和悲伤的微笑说道,"我想到,如果沙发与角落相接触的部分是空心的,那么它的面积可以更大。"亨利勾勒出了图 8.2。"我尝试了这样的一类形状:两个半径为 1 个单位长度的四分之一圆,中间由一个矩形隔开,矩形上有一个半圆形缺口。通过选择合适的矩形长度 L,我使

面积增加了一倍多,达到 2.2074。"

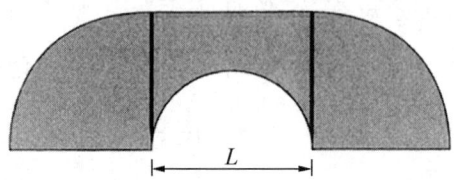

图 8.2　哈默斯利(Hammersley)沙发

在一个 $1 \times L$ 的长方形的两端添加一个单位半径的象限,然后移除一个半圆。在满足绕过转角的条件下哪个 L 值可以得到最大的面积?

树神与冒险的生意

问 题

2. 证明:最大沙发的面积不大于 $2\sqrt{2}$。

问　　题

3. 在这类形状中，什么长度 L 能使沙发绕过拐角时面积最大？确切的面积是多少？

"嗯,"安妮-莉达说,"这个沙发形状还不错,亨利。"

"不,我的甜心。后来我意识到它不是最优的。"

"为什么不是?"

"如果你从半圆与直线相交的内角处切掉一小块,那么沙发就能更贴合拐角的尖锐部分,并且你可以让象限的外边缘加厚,增加的部分会比切掉的多。计算过程非常复杂,但我肯定面积能达到 2.2164;即使这样,在我看来也不是最优的。"

"你的意思是说你想不出来了。"

"简而言之,是的。"

"那么,亨利,你最好快点想出来!我想要一个新沙发,我要我们能用上的、最大的沙发!我绝对不接受次优的!"

"没问题,亲爱的。"亨利一边向虫妈妈承诺,一边心想,他又要去见爱虫斯坦了,就像之前的很多次一样。爱虫斯坦在专利局工作,不知为何,他似乎什么都知道。他肯定很快就会告诉亨利答案。

"你有麻烦了,"爱虫斯坦说,"你给自己找了个棘手的老问题,很难解决。甚至没人知道这个问题从何而来。当然,康威(John Horton Conway)在 19 世纪 60 年代问过这个问题,但在此之前可能就已经有人提出了这一问题。当时要移动的物体是一架钢琴,但鉴于钢琴和沙发之间存在明显的同构性,我认为我们可以得出结论,最优钢琴的形状一定与最优沙发相同。我所知道的第一个公开参考文献是莫泽(Leo Moser)在 1966 年提到的。你想到的形状(图 8.2)不久后由哈默斯利(J. M. Hammersley)发表,作为对'现代数学'抨击的一部分,他推测这是最优的形状。但在哥本哈根(也有人说是安娜堡)的一次凸性理论会议上,包括康威、谢法德(G. C. Shephard)在内的7位数学家,可能还有莫泽,对这个问题进行了一些非正式的研究。实际上,他们研究了7种不同形状的方案——每人一种!图8.3展示了其中两种,你可以自己思考一下。他们很快证明了哈默斯利的答案不是最优的,就像你已经证明的那样。"

"啊?"

"不幸的是,他们也找不到最优形状。"

"哦。"

"从那以后这个问题一直没有解决,也没有人发表过解决方案。"

"哦,天哪。"

"对不起,老伙计亨利,我帮不了你。"

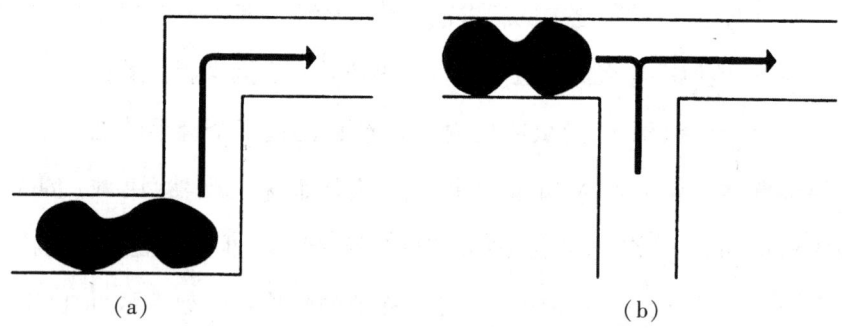

图 8.3　两种不同的方案
(a) 谢法德钢琴:顺着两个转弯搬过去;(b) 康威轿车:通过转入边街倒车

亨利沮丧地爬回家,准备迎接安妮–莉达的怒火。但当他到家时,她却笑容满面。"看看我给沃姆特德买的可爱紧身衣!我找了一整个星期,终于在'虫尔玛'的大减价中找到了一件！不到半价！黑黄相间的斑马纹衬托出她苗条的身材,你不觉得吗？我买了六打。哦,对了,那个'虫家'的员工打电话来了！他说有关于沙发的重要消息要告诉你！"

亨利急忙又打电话给爱虫斯坦。

"是的,亨利,好消息,刚出炉的！我刚听说罗格斯大学的数学家格弗(Joseph Gerver)已经解决了康威沙发问题！"

"完全解决了吗？"亨利问道,担心如果以后有改进,安妮-莉达还是会发火。

"嗯,目前他的证明还有一些漏洞——如果我是你,我不会把这些告诉安妮-莉达。但它们都非常合理,答案看起来很有可能是正确的。事实上,贝尔实验室的洛根(Ben Logan)在1976年也发现了相同的形状,但没有发表任何东西,因为他的证明也有同样的漏洞。当时,奥德兹科(Andrew Odlyzko)、格雷厄姆(Ronald Graham)和拉加里亚斯(Jeff Lagarias)都告诉格弗,他的沙发看起来很眼熟,然后奥德兹科找到了洛根的研究成果,才发现两人得到的形状是一致的。所以我称这个形状的沙发为为格弗-洛根沙发。"

"它是什么形状？"亨利问。

"是个了不起的形状。与哈默斯利的尝试没有太大不同,但更精妙。边界恰好由18个单独的部分组成(图8.4),每个部分都由一个单一的解析公式给出！其面积是2.2195,比哈默斯利的尝试提高了0.5%,比你得到的最佳结果提高了0.14%！"

"你是说安妮-莉达这一周都在因为区区0.14%的面积而对我大

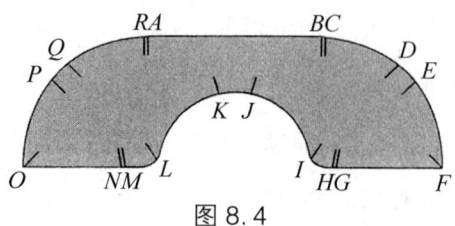

图 8.4

格弗的解决方案(也是由洛根在贝尔实验室于1976年发现,但没有发表的解决方案),以字母标记的点表示在该位置需要改变曲线类型

发雷霆?"

"是的,亨利。但请记住,精确是数学的基本原则。"

亨利赶紧去了爱虫斯坦那里,后者向他详细介绍了大部分细节。我在这里不会深入讨论更技术性的部分,不过我会尽量让你了解论证的思路以及漏洞在哪里。但首先,让我们看看格弗–洛根沙发绕过拐角时会发生什么。我们根据沙发旋转的角度 α 来描述它。它从 α=0 开始,向左滑动,直到几乎(但不完全)接触到外面的左墙。然后它旋转,只在 2 个点接触右侧的上下墙,并且不接触其他任何墙壁,倾斜直到 α 略大于 2°,如图 8.5(a)所示。在这个阶段结束时,沙发接触到外面的左墙,其里面的曲线接触到走廊的拐角。如图 8.5(b),当 α 在 2°到 39°之间时,它恰好与墙壁在 4 个点接触。

当 α 从 39°增加到 45°时,右下角的接触点抬起,沙发仅与 3 个点接触墙壁并旋转,如图 8.5(c)所示。α 从 45°到 90°的过程类似,但顺序相反,因为沙发和走廊是对称的。

上面就是对这一方案的描述,但没有解释这么操作的原因。总之,这个方法相当精妙!格弗设计了一个复杂但清晰的论证。它直

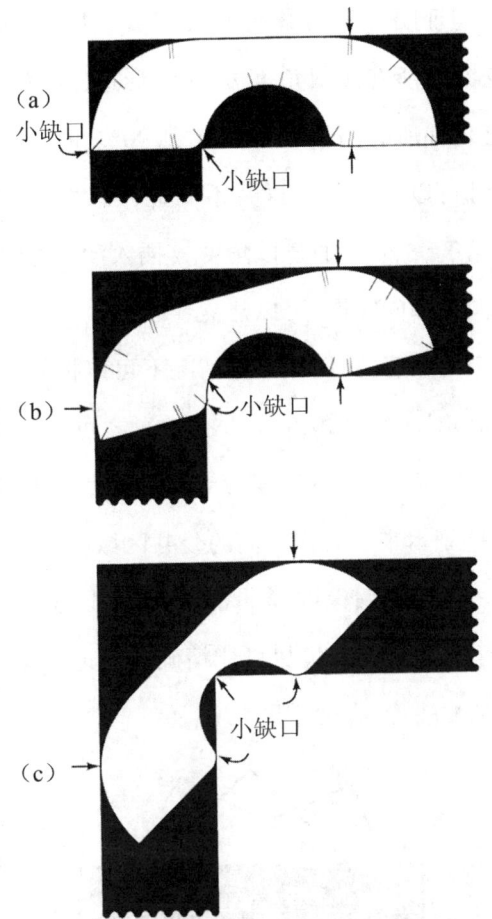

图 8.5 把格弗-洛根沙发绕过角落

（a）旋转的前 2°：只有 2 个点与墙壁接触（由箭头标示）；（b）在 2°和 39°之间有 4 个接触点；（c）在 39°和 45°之间有 3 个接触点；45°之后的操作与前述相反

接得出了所示的形状和刚刚描述的移动顺序，但目前它包含了一些未经证明的假设。

第一个这样的假设是：沙发在绕过拐角时旋转了一个直角。这肯定是正确的，但证明似乎出奇地难以捉摸。无论它旋转的角度是多少，它显然必须在所有倾斜角度 α 下都能适合走廊。第一步是证明其逆命题：任何在所有倾斜角度 α（0°到90°之间）下都能适合走廊的形状实际上都可以绕过它。这并不明显，因为它适合的位置可能不连续依赖于角度。然而，通过以角度 α 插入沙发，然后将其平行于自身尽可能地向上和向左推，可以建立连续性。

解决了这个问题后，我们在某些情况下可以把问题倒过来：固定沙发，旋转走廊！对于每个角度 α（0°到90°之间），绘制一个旋转到该角度的走廊副本，称这个为角度 α 走廊。然后我们希望通过平移（即不旋转）这些副本来最大化它们的公共区域（它们的交集）。

下一个未经证明的假设同样非常合理，它是任何最优解都可以被有限个这些平移走廊的交集尽可能精确地逼近。这样的近似解是一个有很多边的多边形，类似于图 8.6。

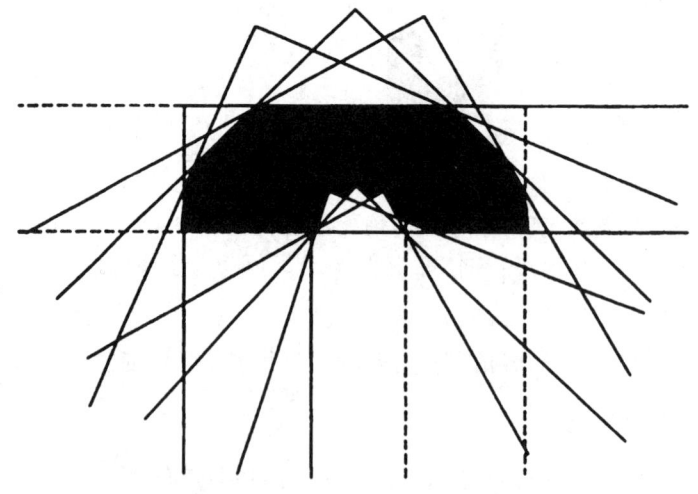

图 8.6　对最佳沙发的多边形逼近示意图

这样的多边形将沿着一些边与角度 α 的走廊接触。假设对于这些边，靠在走廊外缘的长度总和大于靠在内侧的长度总和，那么我们可以通过在内侧切掉一块薄片并在外侧添加一块较大的薄片来增加多边形的面积，如图 8.7 所示。如果靠在走廊外缘的长度总和小于靠在内侧的长度总和，类似的论证也成立。我们得出结论，在任何最优近似多边形中，对于任何角度 α，这两个总和必须始终相等。

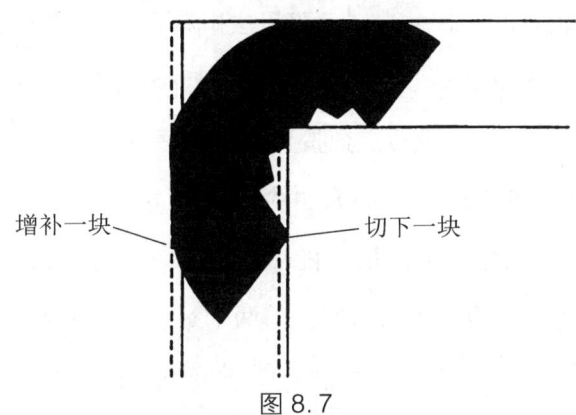

图 8.7
如果外边缘比内边缘长，那么可以通过添加薄片和切掉较小的薄片来增加面积，想象整个走廊稍微向左移动（虚线）

为了对实际的沙发，而不是多边形近似做出相应的陈述，我们取边数趋于无穷的极限。为了陈述结果，我们需要曲线在一点处的曲率半径的概念，它是最佳近似圆的半径。直线的曲率半径为零；曲线弯曲程度越大，其曲率半径越小。然后上述关于近似多边形的结果，在极限情况下导致了精确解的以下原则：对于最优沙发，并且对于任何角度 α，角度 α 走廊的外壁与沙发接触点处的曲率半径总和必须等于内壁的相应总和。

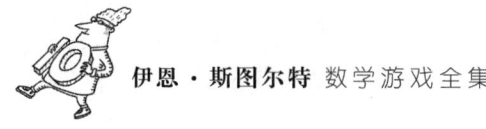

这是任何最优解都必须满足的一个重要约束条件。例如，我们现在可以看到，哈默斯利沙发（图 8.2）不可能是最优的，因为它不满足这个约束条件。实际上，这基本上就是康威和他在哥本哈根的同事们意识到它可以被改进的原因。

下一步是计算沙发与墙壁的接触点数如何随着角度 α 变化（从 0°到 90°）而变化。在这里，证明存在第二个漏洞：图 8.5 中描述的情况可能不是唯一的情况。然而，格弗已经设法排除了很多种变化，而且没有其他情况看起来更合理。因此他假设存在两个角度 θ 和 φ，$0° < \varphi < \theta < 45°$，在这两个角度处，接触点数按 2、4、3 的顺序变化，并且这个顺序在角度大于 45°时反转。在图 8.5 中，$\varphi \approx 2°$，$\theta \approx 39°$，但在证明开始时没有给这些变量赋值。格弗随后定义了三个量 $r(\alpha)$、$s(\alpha)$ 和 $u(\alpha)$，它们对整个分析至关重要。前两个是沙发外边界和内边界在切线与水平方向成角度 α 的点处的曲率半径。第三个量 $u(\alpha)$ 仅在接触点数大于 2 的那些角度（即 φ 和 $90°-\varphi$ 之间）有定义。它更复杂一些，最容易通过图形来描述，如图 8.8 所示。通过使用上述关于曲率半径总和的原则，以及更复杂的类似陈述，格弗证明了以下关系：

如果 $0 < \alpha < \varphi$，那么 $r(\alpha) = s(\alpha) = \dfrac{1}{2}$

如果 $\varphi < \alpha < \theta$，那么 $r(\alpha) = s(\alpha) + u(90° - \alpha)$

如果 $\theta < \alpha < 90° - \varphi$，那么 $r(\alpha) = u(90° - \alpha)$

如果 $\varphi < \alpha < 90° - \varphi$，且 $\alpha \neq \theta, \alpha \neq 90° - \theta$，那么 $u'(\alpha) = -u(90° - \alpha) - s(\alpha)$

这里的 $u'(\alpha)$ 是 u 相对于 α 的变化率。

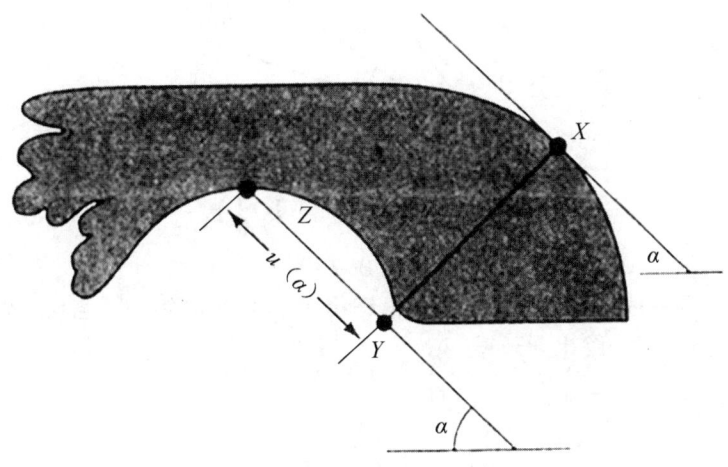

图 8.8 $u(\alpha)$ 的定义

从切线角度为 α 的点 X，作一条垂直的长为 1 的线段到点 Y，再作一条垂直于 XY 的线段 YZ，与边缘相交于点 Z，那么 $u(\alpha) = YZ$

格弗使用微积分和几何学的混合方法准确地解出了这些方程。结果就是你已经在图 8.4 中看到的形状。它的面积，如前面提到的，约为 2.2195。两个角度 θ 和 φ 是

$$\varphi = 2.2448°$$

$$\theta = 39.0356°$$

这个解具有左右对称性，由 18 条单独的曲线段组成：沙发外侧 9 条，内侧是对应的 9 条。除了直线部分，弧可能在图片中看起来是圆形的，但大多数不是，而是经典微分几何中众所周知的曲线。要描述它们，我们需要涉及曲线的渐开线概念（图 8.9）。请结合图 8.4 的标记来看。

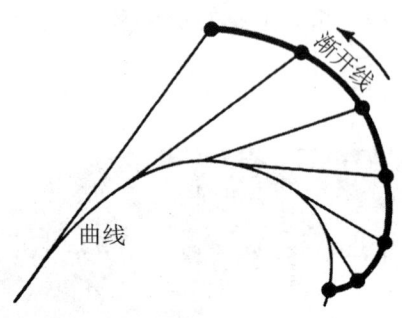

图 8.9

为了得到曲线的渐开线,想象一根细绳子缠绕在曲线上。当绳子展开时,其自由端描绘出渐开线

AB 是一段直线

BC 是半径为 $\frac{1}{2}$ 的圆弧

CD 是圆的渐开线的弧

DE 是圆的渐开线的弧

EF 是圆的渐开线的渐开线的弧

FG 是一段直线

GH 是半径为 $\frac{1}{2}$ 的圆弧

HI 是圆的渐开线的弧

IJ 是圆的渐开线的渐开线的弧

JK 是圆的渐开线的弧

之后,从 KL 到 RA 也拥有类似的对称性

虽然格弗关于格弗-洛根沙发是最优的证明存在一些漏洞,但它们适用于一般情况。对于这一场景的给定前提(例如,总旋转角度和

接触点数量的顺序），他的解决方案是精确且唯一的。因此，毫无疑问，它至少是"局部最优"的——即满足他所给定情况的最优解。而且他的沙发面积比其他任何人的都大，所以它也是迄今为止已知的最大沙发。但可能还有更多的情况。有充分的理由相信没有其他可能的情况。因此，格弗和洛根很可能确实找到了最优沙发。"唷！"爱虫斯坦讲完后，亨利说，"如果我一开始就知道会这么复杂，我就会闭上我的嘴！"他衷心感谢爱虫斯坦，然后跑去告诉安妮-莉达这个好消息，她的沙发可以比她想象的大 0.14%。

但当他到家时，她心情很不好。

"沙发？沙发？亨利，我不明白你为什么认为我们需要一个新沙发！我们现在的沙发完全够用！"

"但是，安妮-莉达，我的宝贝，你想从'虫家'商店买一个新沙发！我花了一整个星期——"

"哼，"她哼了一声，"'虫家'商店！我告诉你，亨利，这家商店永远失去了我的光顾！"

"但是——但是为什么，亲爱的？"

"他们拒绝给我做酸橙绿和紫色波尔卡圆点的内饰！说他们没有存货！"她愤怒地哼了一声，"还说他们根本不打算进货！那个销售员非常无礼！说真的，我不明白……"

亨利默默地爬开，回到他最喜欢的、虽然不是最优、但很舒适的沙发上。

答　案

1. 在经过直角旋转时可以绕过拐角的最大矩形的边长分别为 $\sqrt{2}$ 和 $\dfrac{1}{\sqrt{2}}$（图 8.10）。因此它的面积为 1，与单位正方形相同（一个简单的方法是注意到两个白色三角形的面积与两个浅灰色三角形的面积相同，因此深灰色加白色的矩形的面积与深灰色加浅灰色的正方形的面积相同）。

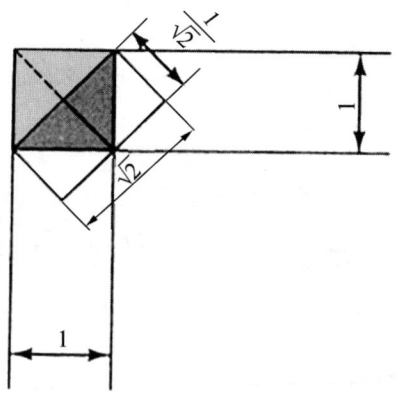

图 8.10　能够绕过拐角的最大矩形

2. 图 8.1 展示了一个单位宽度的条带旋转了 45°。我声称该图中的阴影部分是沙发的最大可能面积。为了理解这一点,考虑沙发在拐角处的倾斜角度为 45°。那么它必须处于某条与图 8.1 中所示的条带平行的条带之内(并且在它上方,否则沙发是不连续的);假设是图 8.11 中粗对角线之间的条带。它还必须适合走廊!现在,标记为 A 的两块条带的面积是相等的;但是条带 B 的面积小于条带 C 的面积,除非粗线与图 8.1 中的斜线重合,此时两块面积才是相等的。因此,沙发必须位于粗对角线之间的阴影区域内,该区域

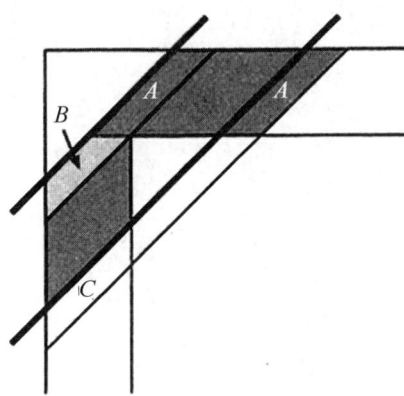

图 8.11 最大面积不大于 $2\sqrt{2}$ 的证明

的面积小于或等于我们已经知道为 $2\sqrt{2}$ 的图 8.1 中相应线段之间的区域的面积。

3. 图 8.2 中,使得该特定形状的沙发能够通过拐角的最大值为 $L=\dfrac{4}{\pi}$。于是,确切的面积为 $\dfrac{2}{\pi}+\dfrac{\pi}{2}$。

进阶读物

第 1 章

Nash, John. Equilibrium points in *n*-person games. *Proceedings of the National Academy of Sciences* 36 (1950): 48—49.

——. Non co-operative games. *Annals of Mathematics* 54 (1951): 286—295.

Rasmusen, Eric. *Games and Information*. Oxford and New York: Basil Blackwell, 1989.

Thomas, L. C. *Games, Theory and Applications*. Chichester, England: Ellis Horwood, 1984.

Von Neumann, John, and Oskar Morgenstern. *Theory of Games and Economic Behavior*. Princeton: Princeton University Press, 1947.

第 2 章

Alperin, Jonathan. Groups and symmetry. *Mathematics Today*, ed. Lynn Arthur Steen. New York: Springer-Verlag, 1978.

Gierasch, Peter. Hexagonal polar current on Saturn. *Nature* 337 (26

January 1989): 309.

Golubitsky, Martin, and Michael J. Field. *Symmetry in Chaos*. Forthcoming.

Golubitsky, Martin, and Ian Stewart. *Fearful Symmetry—Is God a Geometer?* Oxford and New York: Basil Blackwell, forthcoming.

Golubitsky, M., Ian Stewart, and David G. Schaeffer. *Singularities and Groups in Bifurcation Theory*. Vol. 2. New York: Springer-Verlag, 1988.

Krantz, William, Kevin Gleason, and Nelson Caine. Les sols polygonaux. *Pour la Science* 136 (February 1989): 18—24.

Murray, James. How the leopard gets its spots. *Scientific American* 258 (March 1988): 62—69.

Weyl, Hermann. *Symmetry*. Princeton: Princeton University Press, 1952.

第 3 章

Berlekamp, R., J. H. Conway, and R. K. Guy. *Winning Ways*. New York and London: Academic Press, 1982.

Stewart, Ian. The number of possible games of chess. *Journal of Recreational Mathematics* 4 no. 1 (1971): 50.

——. *Game, Set, and Math*. Oxford and Cambridge, Mass.: Basil Blackwell, 1989; Harmondsworth, England: Penguin Books, 1991.

Thomas, L. C. *Games, Theory and Applications*. Chichester, England: Ellis Horwood, 1984.

第 4 章

Berry, M. V., and J. Goldberg. Renormalization of curlicues. *Nonlinearity* 1 (1988): 1—26.

Dekking, M., and M. Mendès-France. Uniform distribution modulo one: a geometrical viewpoint. *Journal für die Reine und Angewandte Mathematik* 329 (1981): 143—153.

Dekking, M., M. Mendès-France, and Alfred J. van der Poorten. Folds! *Mathematical Intelligencer 4* (1982): 130—138, 173—181, 190—195.

Deshouillers, Jean-Marc. Geometric aspects of Weyl sums. *Elementary and Analytic Theory of Numbers*. Warsaw: Banach Centre Publications, 1985.

Hardy, G. H., and J. E. Littlewood. *Acta Mathematica* 37 (1914): 192—239.

Moore, Ross R., and Alfred J. van der Poorten. On the thermodynamics of curves and other curlicues. *McQuarie University Mathematics Reports* 89-0031: April 1989.

Forthcoming in *Proceedings of Conference on Geometry and Physics*. Canberra, 1989.

第 5 章

Budden, F. J. *The Fascination of Groups*. Cambridge: Cambridge University Press, 1972.

Fletcher, T. J. Campanological groups. *American Mathematical Monthly* 63 (1956): 619—626.

Rankin, R. A. A campanological problem in group theory. *Mathematical Proceedings of the Cambridge Philosophical Society* 44 (1948): 17—25.

Stewart, Ian. *Ah! Les Beaux Groupes.* Paris: Belin, 1982.

White, A. T. Ringing the cosets. *American Mathematical Monthly* 94 (1987): 721—746.

第 6 章

Guy, Richard K. *Unsolved Problems in Number Theory.* New York: Springer-Verlag, 1981.

Hadwiger, Hugo, Hans Debrunner, and Victor Klee. *Combinatorial Geometry in the Plane.* New York: Holt, Rinehart and Winston, 1964.

Noll, Landon, and David Bell. n-clusters for $1 < n < 7$. *Mathematics of Computation* 53 (1989): 439—444.

Sheng, T. K. Rational polygons. *Journal of the Australian Mathematical Society* 6 (1966): 452—459.

第 7 章

Barbour, J. M. A geometrical approximation to the roots of numbers. *American Mathematical Monthly* 64 (1957): 1—9.

Károlyi, Ottó. *Introducing Music*. Harmondsworth, England: Penguin Books, 1965.

Schoenberg, Isaac J. On the location of the frets on a guitar. *American Mathematical Monthly* 83 (1976): 550—552.

———. *Mathematical Time Exposures*. Washington, D. C.: Mathematical Association of America, 1982.

Stewart, Ian. *Galois Theory*. London and New York: Chapman and Hall, 1989.

第 8 章

Gerver, Joseph L. On moving a sofa around a corner. *Geometriae Dedicata*. Forthcoming.

Hammersley, J. M. On the enfeeblement of mathematical skills by "Modern Mathematics" and similar soft intellectual trash in schools and universities. *Bulletin of the Institute for Mathematics and Its Applications* 4 (1968): 66—85.

Moser, L. Moving furniture through a hallway. *Society of Industrial and Applied Mathematics Review* 8 (1966): 381.

Wagner, N. R. The sofa problem. *American Mathematical Monthly* 83 (1976): 188—189.

Another fine math you've got me into
By
Ian Stewart
Copyright © 1992 by Ian Stewart
This edition arranged with The Curious Minds Agency
GmbH and Louisa Pritchard Associates
through BIG APPLE AGENCY, LABUAN, MALAYSIA.
Simplified Chinese edition Copyright © 2025 by
Shanghai Scientific & Technological Education Publishing House Co., Ltd.
ALL RIGHTS RESERVED
上海科技教育出版社业经 Big Apple Agency 协助
取得本书中文简体字版版权